甘薯对干旱胁迫的生理响应及缓解效应

GANSHU DUI GANHAN XIEPO DE
SHENGLI XIANGYING JI HUANJIE XIAOYING

李欢 刘庆 殷涛 等 著

中国农业科学技术出版社

图书在版编目（CIP）数据

甘薯对干旱胁迫的生理响应及缓解效应 / 李欢等著 . 北京 ： 中国农业科学技术出版社， 2024. 11. -- ISBN 978-7-5116-7179-0

Ⅰ. S531.01

中国国家版本馆 CIP 数据核字第 2024BF3686 号

责任编辑 申 艳
责任校对 王 彦
责任印制 姜义伟 王思文

出 版 者 中国农业科学技术出版社
北京市中关村南大街 12 号 邮编：100081
电 话 （010）82103898（编辑室）（010）82106624（发行部）
（010）82109709（读者服务部）
网 址 https：// castp.caas.cn
经 销 者 各地新华书店
印 刷 者 北京捷迅佳彩印刷有限公司
开 本 170 mm × 240 mm 1/16
印 张 10.25
字 数 180 千字
版 次 2024 年 11 月第 1 版 2024 年 11 月第 1 次印刷
定 价 38.00 元

《甘薯对干旱胁迫的生理响应及缓解效应》

著者名单

李　欢	刘　庆	殷　涛	王少霞
向　丹	杜志勇	田　侠	王金强
吴海云	刘　倩	张树海	李思平
杨　硕	孙宁慧	赵　垒	石彩玲

前言

在全球气候变暖的背景下，干旱对全球变暖的响应更为突出和敏感，已成为气候变化研究中的重点和热点问题之一。甘薯兼有粮食作物和经济作物的特点，广泛种植于世界上 100 多个国家，是我国重要的粮、饲、工业能源原料兼用作物之一。近年来，甘薯的保健功能和营养价值逐渐被人们所认识，在满足不同社会需求方面将发挥越来越重要的作用。因此，加强其抗旱性研究，对挖掘干旱、半干旱地区甘薯生产潜力具有十分重要的意义。

目前有关甘薯抗旱生理、产量性状、抗旱栽培技术的研究较多，但尚缺乏系统性和综合性。编者在系统总结多年来对甘薯水分生理与节水栽培技术相关研究的基础上，组织相关专家编写了《甘薯对干旱胁迫的生理响应及缓解效应》。本书系统介绍了干旱胁迫对甘薯苗期根系形态和生理特性、内源激素含量和光合特性、根系生长和荧光生理特性、块薯淀粉品质的影响；探索了干旱胁迫的生理诊断及旱后复水施氮、喷施外源激素和 γ- 氨基丁酸、有机无机配施对提高甘薯抗旱性的缓解效应，旨在为甘薯抗旱生理和栽培提供理论基础。

本书是作者研究团队近年来承担和参与的国家自然科学基金项目（31301854、41501271）、国家甘薯产业技术体系（CARS-10-11）等项目的阶段性研究成果。感谢国家甘薯产业技术体系水分生理与节水栽培岗位专家项目对本书出版提供的经费支持，黄诗浩、王可红同学在全书插图处理和文字校对方面做了大量工作，在此表示感谢。

虽然经过多次修改和反复讨论，但由于作者水平有限，书中难免有不足之处，恳请读者批评指正。

作　者

2024 年 10 月

目录

1 概述

甘薯［*Ipomoea batatas*（L.）Lam］是重要的粮食、饲料及工业原料作物，同时也是一种新型生物能源兼用作物。由抗饥荒的杂粮作物，到现在被公认为“全营养食品”，甘薯不仅是餐桌上的常见食物，也被用于保健品加工，牲畜饲料加工以及糖、淀粉、酒精和味精等的加工，用途极为广泛。我国是世界上最大的甘薯生产国，甘薯种植总面积占世界的四分之一以上。

当前，干旱胁迫已经成为全球农作物产量及品质的限制因子，其造成的损失是其他自然灾害的总和，而且随着全球温室效应的加剧，干旱的程度和范围日益严重。我国北方春薯区多种植于旱地平原或丘陵山区，自然降水是其水分供应的重要来源。但降水的季节分配存在春旱、夏涝、秋后又旱的特点，与甘薯生育期的需水特点不完全相符。甘薯虽具有较强的耐旱性，但甘薯多采用幼嫩的薯苗种植，对干旱极为敏感；加之甘薯多种植于丘陵山区或缺乏充分灌溉条件的干旱、半干旱地区，多依靠自然降水满足其生长发育的水分需求，因此甘薯经常面临干旱胁迫的风险。

甘薯的发根分枝结薯期是对水分最为敏感的时期，这一时期受到干旱胁迫会严重影响甘薯根系的生长发育，影响其不定根的分化，且干旱胁迫时间越早，干旱胁迫程度越大，对前期根系发育和不定根分化的影响越大。另外，发根分枝结薯期缺水，导致功能叶、纤维根和块根的抗氧化酶系统遭到破坏，细胞膜透性增大，渗透调节物质积累，生理代谢平衡被破坏；同时使光合作用单位PS Ⅱ结构受损，光能转化效率降低，电子传递受阻，光合作用下降；另外还影响内源激素的合成，抑制甘薯叶片、茎蔓和根系的生长，最终限制块根的形成和膨大，导致块根产量的下降。

甘薯的抗旱增产途径主要包括筛选适宜的抗旱高产品种和采用作物抗旱栽培技术等。随着我国大量抗旱种质被鉴定和应用，许多抗旱品种被选育出来和推广种植，将有效降低干旱对甘薯生产带来的损失。除育种措施外，还可通过添加外源物质来提高甘薯的抗旱能力。生物刺激剂对作物干旱胁迫的缓解效果已受到人们的关注。在干旱胁迫前或胁迫时，施用低剂量的生物刺激剂，可迅速激活植物的防御系统，增强植物对生物和非生物胁迫的抗性。利用植物生长调节剂调控作物的生长发育和生理特性，增强作物在干旱胁迫下的适应能力，提高植株抗旱性，进而缓解因干旱导致的产量下降，是目前较为广泛和有效的抗旱途径。

作为我国重要的粮食作物，甘薯具有较好的生态适应性，是旱地粮食作物的首要选择，干旱胁迫也是甘薯生产过程中重要的限制因素，因此甘薯耐旱性一直是产业关注的重点。甘薯的耐旱机理研究，对耐旱材料的筛选、抗旱品种的选育及高效耐旱栽培技术研发均能起到重要的推动作用。因此，明确甘薯对干旱胁迫的生理响应，探索增强甘薯抗旱能力的途径并揭示其生理机制，对提高甘薯产量和品质、保障粮食安全和社会经济发展具有重要的意义。

2

干旱胁迫对甘薯苗期根系形态和生理特性的影响

甘薯虽较一般作物耐旱，但其水分临界期处于发根分枝结薯期，这一时期干旱胁迫会对甘薯不定根的分化造成不利影响，阻碍块根的形成，导致形成的块根数减少。根据甘薯根系形态解剖学特征，又可将发根分枝结薯期划分为 3 个阶段：栽种后 10 d 左右为初生形成层活动初期，决定侧根的生长和伸长；栽种后 20 d 左右为次生形成层活动初期，决定幼根的分化程度；栽种 30 d 后次生形成层分裂细胞的能力很强，分裂出大量薄壁细胞，决定幼根的膨大。到目前为止，关于干旱胁迫对不同耐旱性甘薯栽培品种苗期根系形成发育的研究还很不完善。探究干旱胁迫对这 3 个阶段根系生长的影响，阐明干旱胁迫导致甘薯发根分枝结薯期根系分化受阻的机理，为甘薯抗旱高产栽培提供理论依据。

2.1 材料与方法

2.1.1 供试材料与试验设计

试验选取粒径 2～3 mm 的石英砂，先用 0.1 mol·L^{-1} 盐酸浸泡 2 d，然后用蒸馏水清洗 3 次，再与珍珠岩按质量比 20∶1 均匀混合后装入圆柱状塑料桶内（直径 18 cm，高 14 cm），桶底垫直径为 20 cm 的托盘。供试甘薯品种为济薯 26 和广薯 87，选取长势相同的甘薯幼苗，每盆定植 1 株。

采用砂培试验方法，于 2017 年 5 月 12 日在青岛农业大学日光温室进行。试验设 2 个水分处理：对照处理［CK，霍格兰（Hoagland）营养液］、干旱胁迫处理［D，含 10% 聚乙二醇（PEG-6000）的 Hoagland 营养液（Ψ=−0.28 MPa）］。于移栽后第 10 天、第 20 天和第 30 天进行干旱处理，加入相应处理的 Hoagland 营养液 100 mL，每个时期胁迫 48 h 后收获。每个处理重复 4 次，完全随机排列。

2.1.2 测定项目与方法

（1）丙二醛（MDA）含量、氧自由基产生速率、过氧化物酶（POD）和超氧化物歧化酶（SOD）活性。参照刘家尧等（2010）和蔡庆生等（2013）的方法测定。

（2）叶绿素荧光参数。取甘薯第 4 片功能叶，暗处理 20 min，然后利用 M-PEA 便携式连续激发式荧光仪［汉莎科技集团有限公司（Hansatech），英国］，同时测定叶片快速叶绿素荧光诱导动力学曲线（O-J-I-P 曲线）和对 820 nm 的光吸收曲线［远红光测量光是峰值为（820 ± 20）nm 的 LED 光源］。O-J-I-P 曲线由 3 000 $\mu mol \cdot m^{-2} \cdot s^{-1}$ 的脉冲光诱导，荧光信号记录从 10 μs 开始，1 s 结束，记录的初始速率为每秒 118 个数据。利用 JIP-test 对 O-J-I-P 曲线进行分析，解析最大荧光产量（F_m）、可变荧光产量（F_v）、最大光化学效率（F_v/F_m）等参数。

（3）根系形态学指标。用 Epson v850 Pro 扫描仪（分辨率为 300 bpi）对全部根系进行扫描。采用 Win RHIZO 分析程序对图像进行处理。

（4）内源激素。用 0.1 $mol \cdot L^{-1}$ 磷酸盐缓冲溶液（PBS 缓冲液）（pH=7.3）提取内源激素，用酶联免疫吸附法（ELISA）测定内源激素含量，包括脱落酸（ABA）、生长素（IAA）、玉米素核糖核苷（ZR），试剂盒购自南京建成生物工程研究所。

2.2 结果与分析

2.2.1 不同时期干旱胁迫对甘薯生物量的影响

从表 2-1 可知，与对照处理相比，不同时期干旱胁迫均显著降低了济薯 26 和广薯 87 地上部和地下部生物量。移栽后第 10 天干旱胁迫导致生物量的降幅最大，其次是移栽后第 20 天干旱胁迫，移栽后第 30 天干旱胁迫的影响较前两个时期小。这表明干旱胁迫导致生物量下降，且干旱胁迫时间越旱，影响越大。就不同耐旱性品种而言，在同一时期干旱胁迫条件下，广薯87地上和地下部生物量的减少幅度显著高于济薯26，表明济薯26较广薯87更耐旱。

表2-1 不同时期干旱胁迫对甘薯生物量的影响

品种	移栽后天数/d	处理	地上部		地下部	
			生物量/（g·株$^{-1}$）	减少率/%	生物量/（g·株$^{-1}$）	减少率/%
济薯26	10	CK	3.26 ± 0.28a	52.1	0.98 ± 0.07a	25.9
		D	1.56 ± 0.07b		0.69 ± 0.04b	
	20	CK	6.00 ± 0.32a	39.8	1.32 ± 0.10a	24.1
		D	3.61 ± 0.21b		1.09 ± 0.08b	
	30	CK	10.73 ± 0.65a	17.4	1.84 ± 0.12a	11.4
		D	8.14 ± 0.12b		1.63 ± 0.06b	
广薯87	10	CK	3.81 ± 0.20a	58.0	1.12 ± 0.07a	33.0
		D	1.60 ± 0.01b		0.75 ± 0.08b	
	20	CK	7.68 ± 0.55a	45.2	1.45 ± 0.09a	26.1
		D	4.21 ± 0.29b		1.14 ± 0.06b	
	30	CK	11.88 ± 0.87a	21.2	1.99 ± 0.12a	16.1
		D	8.78 ± 0.16b		1.67 ± 0.04b	

注：CK，对照；D，干旱胁迫；减少率为干旱胁迫处理相对对照处理减少的百分比；同列不同字母表示差异显著（$P<0.05$）。

2.2.2 不同时期干旱胁迫对甘薯活性氧代谢系统的影响

由表2-2可知，与对照处理相比，不同时期干旱胁迫处理均显著提高了两个甘薯品种叶片活性氧及其代谢产物的含量和保护酶活性。与对照处理相比，活性氧代谢指标增幅以移栽后第10天干旱胁迫最大，移栽后第20天干旱胁迫次之，移栽后第30天干旱胁迫增幅最小。就不同耐旱性品种而言，在同一时期干旱胁迫下，广薯87活性氧代谢系统的调节能力弱于济薯26。

表 2-2　不同时期干旱胁迫对甘薯叶片活性氧代谢系统的影响

品种	移栽后天数/d	处理	氧自由基产生速率/（$nmol \cdot g^{-1} \cdot min^{-1}$）	丙二醛/（$\mu mol \cdot g^{-1}$）	过氧化物酶活性/（$U \cdot min^{-1} \cdot g^{-1}$）	超氧化物歧化酶活性/（$U \cdot g^{-1}$）
济薯26	10	CK	1.36 ± 0.11b	6.09 ± 0.36b	24.60 ± 1.96b	52.26 ± 4.45b
		D	4.83 ± 0.21a	8.64 ± 0.30a	60.34 ± 4.63a	72.85 ± 5.31a
	20	CK	1.30 ± 0.12b	6.26 ± 0.42b	22.50 ± 1.09b	53.65 ± 3.10b
		D	3.63 ± 0.26a	7.96 ± 0.28a	43.29 ± 3.62a	68.24 ± 3.22a
	30	CK	1.02 ± 0.08b	6.18 ± 0.53b	23.61 ± 1.56b	55.42 ± 2.38b
		D	2.43 ± 0.13a	7.27 ± 0.68a	39.86 ± 2.95a	64.42 ± 4.72a
广薯87	10	CK	1.07 ± 0.08b	9.63 ± 0.33b	22.04 ± 1.45b	51.99 ± 4.91b
		D	4.30 ± 0.42a	14.95 ± 0.86a	50.23 ± 3.85a	69.35 ± 2.47a
	20	CK	1.19 ± 0.06b	9.36 ± 0.39b	19.12 ± 1.12b	49.43 ± 2.93b
		D	3.83 ± 0.21a	12.86 ± 0.94a	33.56 ± 2.62a	61.29 ± 4.82a
	30	CK	1.04 ± 0.07b	9.39 ± 0.73b	20.73 ± 1.23b	50.82 ± 3.72b
		D	2.63 ± 0.19a	11.83 ± 0.42a	27.15 ± 1.76a	58.14 ± 3.06a

注：CK，对照；D，干旱胁迫；同列不同字母表示差异显著（$P<0.05$）。

2.2.3　不同时期干旱胁迫对甘薯叶片 PS Ⅱ活性的影响

快速叶绿素荧光诱导动力学曲线在一定程度上能够反映干旱胁迫对植物叶片 PS Ⅱ功能的影响。由图 2-1a、c 和 e 可知，与对照处理相比，不同时期干旱胁迫均导致济薯 26 最大吸收值（F_m）显著降低。与对照处理相比，降低幅度表现为以移栽后第 10 天干旱胁迫最大，移栽后第 20 天干旱胁迫次之，移栽后第 30 天干旱胁迫最小。这表明干旱胁迫时间越早，PS Ⅱ反应中心受损越严重。不同时期干旱胁迫对广薯 87 的影响与其对济薯 26 的影响趋势相同（图 2-1b、d 和 f）。就不同耐旱性品种而言，在同一时期干旱胁迫下，广薯 87 的 F_m 降低幅度大于济薯 26。

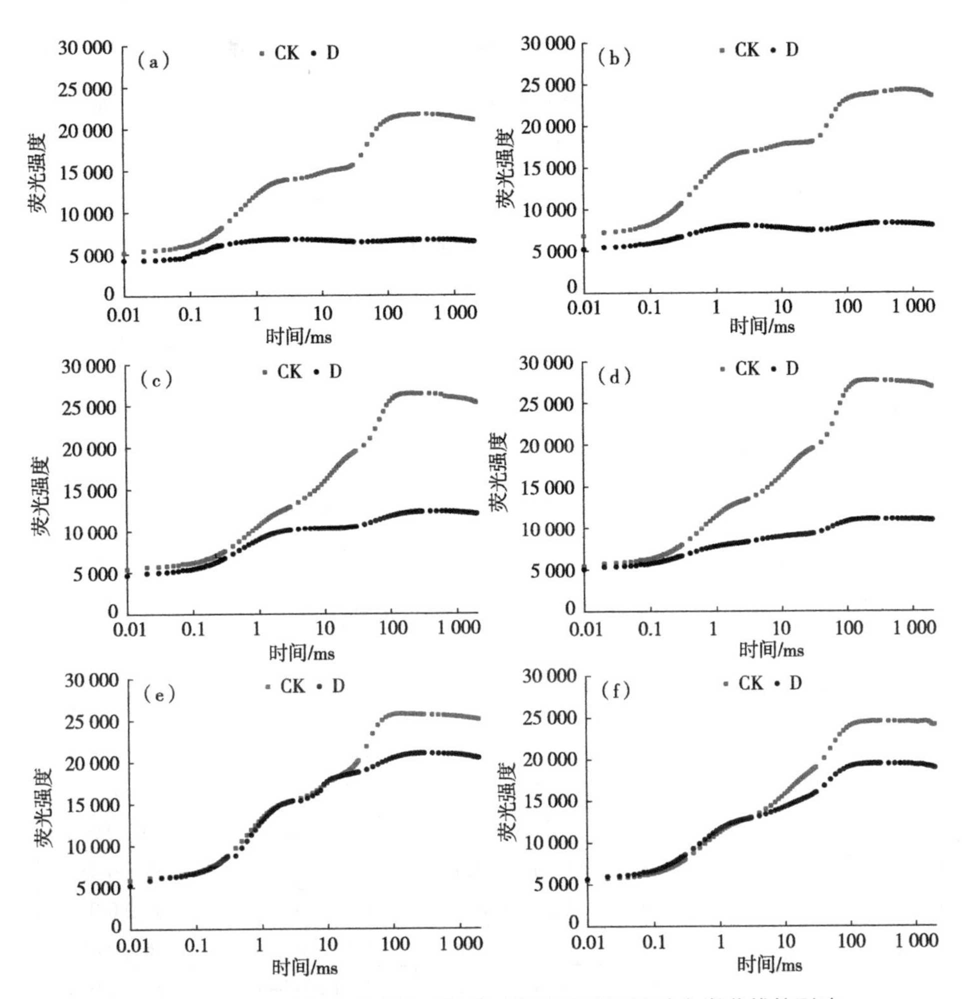

图 2-1 不同时期干旱胁迫对甘薯叶绿素荧光诱导动力学曲线的影响

注：CK，对照；D，干旱胁迫；a、c、e分别表示济薯26在移栽后第10天、第20天、第30天干旱胁迫时的叶绿素荧光诱导动力学曲线；b、d、f分别表示广薯87在移栽后第10天、第20天、第30天干旱胁迫时的叶绿素荧光诱导动力学曲线。

F_v/F_m是反映甘薯原初光能转化效率的重要指标之一。由表2-3可知，与对照处理相比，不同时期干旱胁迫均导致济薯26 F_v/F_m显著降低。与对照处理相比，移栽后第10天干旱胁迫的减少幅度最大，移栽后第20天干旱胁迫次之，移栽后第30天干旱胁迫减少幅度最小。这说明干旱胁迫越早，甘薯叶片的光合能力下降幅度越大，对光能的利用率越低。不同时期干旱胁迫对广薯87的影响与其对济薯26的影响趋势一致，但在同一时期干旱胁迫下，广薯87的下降幅度显著大于济薯26。

J点的相对可变荧光强度可以反映甘薯PSⅡ系统中初级醌受体的（Q_A）积累量，质体醌（Q_A）的还原速度可反映甘薯PSⅡ系统中Q_A被还原的最大速率。不同时期干旱胁迫导致两个甘薯品种V_J和dV/dt_o均增加，与对照处理相比达到显著水平。移栽后第10天干旱胁迫，济薯26叶片的V_J和dV/dt_o增幅最大，显著高于其他两个时期干旱胁迫，其次是移栽后第20天干旱胁迫，移栽后第30天干旱胁迫增幅最小。两个指标显著升高，表明干旱胁迫使Q_A的积累增加，Q_A到次级醌受体（Q_B^-）的电子传递受到抑制。不同时期干旱胁迫对广薯87叶片V_J和dV/dt_o增幅的影响与其对济薯26的影响趋势相同（表2-3）。同一时期干旱胁迫下，广薯87受抑制程度显著大于济薯26，光电子传递受阻更严重。

表2-3　不同时期干旱胁迫对甘薯光合作用PSⅡ系统电子传递的影响

品种	移栽后天数/d	处理	最大光化学效率（F_v/F_m）	J点可变荧光强度（V_J）	Q_A的还原速度（dV/dt_o）
济薯26	10	CK	0.74 ± 0.01a	0.56 ± 0.04b	0.42 ± 0.03b
		D	0.51 ± 0.02b	0.81 ± 0.05a	0.84 ± 0.04a
	20	CK	0.76 ± 0.03a	0.49 ± 0.02b	0.58 ± 0.03b
		D	0.62 ± 0.02b	0.68 ± 0.04a	0.96 ± 0.07a
	30	CK	0.80 ± 0.02a	0.56 ± 0.03b	0.68 ± 0.04b
		D	0.70 ± 0.01b	0.71 ± 0.04a	0.95 ± 0.08a
广薯87	10	CK	0.71 ± 0.01a	0.57 ± 0.02b	0.39 ± 0.03b
		D	0.27 ± 0.01b	0.89 ± 0.02a	0.95 ± 0.04a
	20	CK	0.80 ± 0.02a	0.65 ± 0.03b	0.36 ± 0.02b
		D	0.51 ± 0.01b	0.91 ± 0.04a	0.77 ± 0.05a
	30	CK	0.81 ± 0.03a	0.57 ± 0.04b	0.51 ± 0.03b
		D	0.58 ± 0.01b	0.75 ± 0.02a	0.81 ± 0.02a

注：CK，对照；D，干旱胁迫；Q_A为质体醌；同列不同字母表示差异显著（$P<0.05$）。

2.2.4　不同时期干旱胁迫对甘薯根系形态的影响

与对照处理相比，移栽后第10天干旱胁迫导致两个甘薯品种根的总体积、平均直径、表面积和总根长下降幅度最大，其次是移栽后第20天干旱胁迫，最后是移栽后第30天干旱胁迫。干旱胁迫时间越早，对根系形态的影响越大，其影响程度趋势为第10天＞第20天＞第30天。就不同耐旱性品种而言，同一时期干旱胁迫下，广薯87的根体积、平均直径、表面积和总根长下降幅度均显著大于济薯26（表2-4）。

表 2-4　不同时期干旱胁迫对甘薯根系形态影响的双因素分析

品种	移栽后天数/d	处理	根体积/(cm^3 · 株 $^{-1}$)			平均直径/（mm · 株 $^{-1}$ ）	根表面积/（ cm^2 · 株 $^{-1}$ ）	总根长/（cm · 株 $^{-1}$ ）
			体积	直径≤1.5 mm	直径＞1.5 mm			
济薯26	10	CK	4.55 ± 0.15a	3.25 ± 0.15a	1.29 ± 0.08a	0.77 ± 0.03a	473 ± 23a	3 932 ± 228a
		D	3.48 ± 0.19b	2.49 ± 0.11b	0.88 ± 0.02b	0.46 ± 0.02b	304 ± 12b	2 325 ± 150b
	20	CK	7.80 ± 0.36a	5.53 ± 0.21a	2.26 ± 0.08a	1.15 ± 0.06a	869 ± 26a	8 622 ± 433a
		D	6.23 ± 0.22b	4.55 ± 0.18b	1.72 ± 0.09b	0.87 ± 0.01b	683 ± 24b	5 725 ± 302b
	30	CK	14.13 ± 0.99a	8.64 ± 0.26a	5.48 ± 0.15a	1.3 ± 0.05a	1 336 ± 42a	11 761 ± 212a
		D	11.59 ± 0.56b	7.21 ± 0.31b	4.37 ± 0.11b	1.21 ± 0.02b	1 127 ± 38b	10 203 ± 340b
广薯87	10	CK	6.95 ± 0.25a	4.96 ± 0.11a	1.98 ± 0.09a	0.82 ± 0.02a	672 ± 22a	5 185 ± 349a
		D	5.25 ± 0.16b	3.78 ± 0.09b	1.21 ± 0.08b	0.47 ± 0.01b	444 ± 16b	2 987 ± 127b
	20	CK	13.60 ± 0.86a	9.35 ± 0.25a	4.24 ± 0.21a	1.28 ± 0.06a	1 364 ± 43a	11 829 ± 678a
		D	10.61 ± 0.53b	7.54 ± 0.31b	3.06 ± 0.03b	0.94 ± 0.03b	1 139 ± 39b	7 614 ± 245b
	30	CK	25.63 ± 1.11a	17.50 ± 0.98a	8.13 ± 0.24a	1.61 ± 0.04a	1 955 ± 32a	12 737 ± 568a
		D	20.88 ± 1.23b	14.69 ± 0.88b	6.18 ± 0.16b	1.35 ± 0.03b	1 605 ± 50b	10 771 ± 511b
因素分析								
干旱胁迫（D）			**	***	***	***	***	***
不同时期（P）			***	**	**	***	***	***
D × P			*	*	*	*	*	*

注：CK，对照；D，干旱胁迫；同列不同字母表示差异显著（ $P<0.05$ ）；* $P<0.05$ ；** $P<0.01$ ；*** $P<0.001$ 。

根据根系分类标准，直径≤1.5 mm的根系为纤维根，其主要进行水分和养分的吸收；直径＞1.5 mm的根系为已发生变态增粗的分化根，其具有发育成块根的潜力。由表2-4可知，与对照处理相比，不同时期干旱胁迫均显著减少了济薯26和广薯87分化根的体积。其中，移栽后第10天干旱胁迫导致分化根体积降低幅度最大，其次是移栽后第20天干旱胁迫，移栽后第30天干旱胁迫最小。干旱胁迫时间越早，对不定根分化成块根的影响越大，其影响程度表现为第10天＞第20天＞第30天。不同时期干旱胁迫对两个甘薯品种纤维根的影响与其对分化根的影响趋势一致。就不同耐旱性品种而言，在同一时期干旱胁迫下，广薯87纤维根和分化根体积的减少率显著高于济薯26。双因素分析表明，不同时期和干旱胁迫均显著影响了根系生长，且正交互效应显著。

2.2.5 不同时期干旱胁迫对甘薯根系内源激素的影响

与正常处理相比，不同时期干旱胁迫导致甘薯根中IAA、ZR含量显著下降，ABA含量显著增加。与对照处理相比，移栽后第10天干旱胁迫下，两个甘薯品种IAA和ZR下降幅度最大，其次是移栽后第20天干旱胁迫，移栽后第30天干旱胁迫下降幅度最小。在同一时期干旱胁迫条件下，广薯87根中IAA和ZR含量的下降幅度显著高于济薯26。与对照处理相比，济薯26和广薯87的ABA含量增加幅度表现为移栽后第10天干旱胁迫最大，其次是移栽后第20天干旱胁迫，最后是移栽后第30天干旱胁迫。说明不同时期干旱胁迫都会提高根系中ABA含量，且以移栽后第10天干旱胁迫增幅最大（表2-5）。在同一时期干旱胁迫条件下，广薯87根中ABA含量的增加幅度显著高于济薯26。

植物受到外界胁迫时，其体内的IAA、ZR和ABA等多种激素之间存在着对抗、协同等作用。与对照处理相比，不同时期干旱胁迫导致甘薯根中IAA/ABA和ZR/ABA显著下降。与对照处理相比，降低幅度表现为以移栽后第10天干旱胁迫最大，移栽后第20天干旱胁迫次之，移栽后第30天干旱胁迫最小。在同一时期干旱胁迫条件下，广薯87根中IAA/ABA和ZR/ABA的下降幅度显著小于济薯26。

表 2-5 不同时期干旱胁迫对甘薯根系内源激素的影响

品种	移栽后天数/d	处理	IAA/（ng·g^{-1}）	ZR/（ng·g^{-1}）	ABA/（ng·g^{-1}）	IAA/ABA	ZR/ABA
济薯26	10	CK	35.71 ± 1.42a	21.54 ± 1.29a	93.43 ± 6.26b	0.38 ± 0.02a	0.23 ± 0.01a
		D	21.52 ± 1.11b	14.33 ± 0.72b	207.90 ± 11.65a	0.10 ± 0.01b	0.07 ± 0.00b
	20	CK	48.23 ± 1.63a	35.64 ± 3.56a	102.19 ± 4.87b	0.47 ± 0.03a	0.35 ± 0.02a
		D	33.07 ± 0.91b	28.20 ± 2.54b	217.53 ± 11.24a	0.15 ± 0.01b	0.13 ± 0.01b
	30	CK	57.16 ± 2.54a	40.97 ± 2.05a	112.75 ± 3.98b	0.45 ± 0.02a	0.36 ± 0.02a
		D	43.18 ± 1.96b	35.24 ± 3.52b	221.73 ± 12.62a	0.19 ± 0.01b	0.16 ± 0.01b
广薯87	10	CK	38.71 ± 0.59a	28.64 ± 2.86a	97.98 ± 4.23b	0.40 ± 0.02a	0.29 ± 0.01a
		D	21.20 ± 1.78b	18.01 ± 1.80b	227.10 ± 7.05a	0.09 ± 0.01b	0.08 ± 0.01b
	20	CK	49.16 ± 2.45a	36.07 ± 2.89a	117.57 ± 5.46b	0.42 ± 0.01a	0.30 ± 0.01a
		D	36.11 ± 2.27b	25.09 ± 2.26b	256.53 ± 6.34a	0.13 ± 0.01b	0.10 ± 0.01b
	30	CK	55.99 ± 2.65a	45.36 ± 4.54a	128.22 ± 1.61b	0.44 ± 0.03a	0.35 ± 0.02a
		D	45.84 ± 1.56b	36.04 ± 1.80b	263.39 ± 11.65a	0.17 ± 0.01b	0.14 ± 0.01b

注：CK，对照；D，干旱胁迫；IAA 为生长素，ZR 为玉米素核糖核苷；ABA 为脱落酸；同列不同字母表示差异显著（$P<0.05$）。

2.3 讨论

2.3.1 干旱胁迫对甘薯叶片荧光生理特性和活性氧代谢的影响

叶绿素荧光参数能够从叶片 PS Ⅱ的光能转换效率和电子传递等方面反映干旱胁迫下甘薯叶片光能吸收的分配去向。本研究结果表明，第 10 天干旱胁迫导致甘薯光抑制严重，光合能力下降，光能利用率降低，电子传递链受阻，光合产物向根系转移受阻，进而导致根系发育迟缓，这也进一步证实了李长志等（2016）的研究结果，他们认为前、中期干旱胁迫均对甘薯光合器官造成了破坏，并显著降低光合能力。这表明，植物在干旱胁迫条件下，F_m、（F_v/F_m）和 PS Ⅱ电子传递量子效率（ΦPS Ⅱ）显著下降，降低了光合速率，这与高杰等（2015）研究结果类似。另外，干旱胁迫导致叶片有效光量子产量下降和光系统发生损伤，光化学效率降低，总电子流及流向各交替电子流库的电子流减少（杜清洁等，2015）。具体表现为干旱胁迫导致甘薯 V_J 和 dV/dt_0 显著上升且增幅最大，V_J 和 dV/dt_0 的上升意味着 PS Ⅱ受体侧的 Q_A 处于更高程度的还原状态，反映该时期 Q_A 的大量积累，致使受体侧的钝化或者失活，Q_A 到 Q_B^- 电子传递链受阻，从而说明受体侧受到的抑制显著高于供体侧，能显著降低光合机构吸收的光能进入光化学过程的量，降低了光能向碳同化转移的比率，这与白志英等（2011）的研究结果相吻合。作为植物的保护机制，保护酶（POD 和 SOD）活性的提高（Gill and Tuteja，2010），能有效清除植株体内氧自由基并降低 MDA 的累积（陈露露等，2016），进而保护细胞免受伤害，加强对甘薯光合机构的保护和维持正常的代谢过程。

2.3.2 干旱胁迫对甘薯根系内源激素的影响

内源激素在调控植物根系细胞分裂和分化方面扮演重要角色。植物贮藏器官的形成是多种内源激素协同作用的结果，IAA 和细胞分裂素（CTK）均有强化库器官活性的作用（王娇等，2017），CTK 和 ABA 含量在甘薯不定根分化成块根方面起着关键作用，与块根产量呈显著正相关（井大炜等，2013）。ABA 含量与马铃薯块茎的增大呈显著正相关（王晓娇等，2018）。莲藕膨大过程中 IAA 含量先升高后下降，CTK 含量不断下降，ABA 含量不断升高（李良俊等，2006）。干旱胁迫下，植物内源激素含量和平衡会呈现复杂的变化趋势和相互协调作用以调节植物的生长（周宇飞等，2014）。本研究结果表明，第 10 天干旱胁迫导致根系内源激素 ZR 和 IAA 的合成显著受到抑制，而 ABA 的合成则显著受到促进，这与张海燕等（2018）的研究结果一致。结合前人研究（白志英等，2011；王晓娇等，2018；李良俊等，2006；周宇飞等，2014），IAA 的降低限制了光合产物向块根的运输，ZR 含量的下降影响块根的形成和膨大以及同化物向库器官的运输。干旱胁迫下，ABA 是一种信号物质，根系迅速感知干旱胁迫信号，以 ABA 的形式将干旱信息传递到地上部，造成植株代谢活动减弱，借以提高自身的抗旱力，根平均直径和体积的下降正是对干旱胁迫的适应性，品种抗旱性越强，根系总体积等下降的幅度越小。

干旱条件下，植物内源激素不仅能通过调节自身含量调控植物根系的发育，同时也能通过不同激素间的比例平衡来影响根系的分化。植物通过IAA、ZR和ABA等激素间比例的平衡来控制根系的发育，IAA和ZR诱导根的分化和延伸，而ABA则在一定程度上抑制根系的发育（Himanen et al., 2002）。本研究表明，不同时期干旱胁迫均导致甘薯发根分枝结薯期根系IAA/ABA和ZR/ABA等比值显著降低，说明干旱胁迫可诱导根系IAA/ABA和ZR/ABA等比值的降低，导致根系长度和体积减少，进而抑制根系的发育（闫志利等，2009），王晓娇等（2018）在干旱胁迫对马铃薯根系影响的研究中也得到了类似的结论。从ZR/ABA的变化来看，第10天干旱胁迫导致甘薯发根分枝结薯期根系分化受抑制严重，纤维根向块根的分化受阻，不利于块根的形成，这与Pardales和Yamauchi（2003）的研究结果类似。

2.3.3 甘薯根系参数与内源激素和叶绿素荧光之间的关系

甘薯根系是最先感知土壤干旱胁迫的部位，也是甘薯水分吸收、碳水化合物同化以及积累的关键部位，其生长发育受激素信号网络的调控，是多种激素协同作用的结果。本研究逐步回归分析表明，根系内源激素和叶绿素荧光是影响平均直径和根体积的关键指标；通过对甘薯根系分化的作用因子贡献度进行通径分析表明，对平均直径和根体积的影响直接作用系数较大的是ZR、F_v/F_m和ABA。这表明ZR等激素通过直接控制根系分生组织的分化速度来影响根系的平均直径和根体积，ABA通过影响IAA的运输和信号转导来影响根的形成和分化（吴银亮，2017），ZR的下降和ABA的增加导致甘薯根平均直径和总体积下降，纤维根向块根的分化受阻。另外，ZR和ABA对光合PS Ⅱ作用产生直接影响，进而影响光合产物的合成与积累。ZR的下降和ABA的增加可以PS Ⅱ最大光化学效率（F_v/F_m）并使PS Ⅱ电子传递量子效率显著下降（高杰等，2015；周宇飞等，2015），光能利用率下降，光合产物向根系转移受阻，导致根系分化受到抑制，生物量显著下降。干旱胁迫导致甘薯根系分化受阻和PS Ⅱ整体性能下降的内在生理机制，需要结合离子通道和生理解剖结果进行进一步探讨。

2.4 结论

不同时期干旱胁迫均导致甘薯生物量显著降低，影响程度为移栽后第10天＞第20天＞第30天。与对照处理相比，移栽后第10天干旱胁迫导致甘薯根系平均直径和根体积下降幅度最大，其次是移栽后第20天，最后是移栽后第30天。不同时期干旱胁迫均显著降低了甘薯功能叶的叶绿素荧光特性，导致光合产物形成受阻，进而抑制了甘薯根系的分化。不同时期干旱胁迫均导致根系中促生长激素（生长素和玉米素核糖核苷）含量显著下降，抑制生长激素（脱落酸）含量显著上升，以及激素间比例失衡，从而抑制甘薯根系分化，且胁迫时间越早，甘薯根系分化受阻越严重。就不同耐旱性品种而言，济薯26根系分化受阻的严重程度显著小于广薯87。甘薯的水分临界期在发根分枝结薯期，其中移栽后第10天对干旱胁迫更敏感，在实际生产中应加强栽苗后缓苗的水分供应。

3

干旱胁迫对甘薯内源激素含量和光合特性的影响

植物内源激素对植物生长发育过程及其物质和能量的变化均起到调控作用，是目前公认的最重要的信号调控物质之一，在植物的抗干旱胁迫中发挥着重要的作用，其变化是衡量植物抗旱力的重要生理指标之一。甘薯块根的形成和膨大是多种内源激素协同作用的结果，IAA 和 ZR 等内源激素均有强化库器官活性、定向诱导光合产物分配的作用，ABA 可促进同化物向块根的转运与积累，ZR 和 ABA 在甘薯块根形成和膨大方面起着关键作用，与块根产量呈显著正相关。

干旱胁迫下，赤霉素（GA）含量的下降抑制了甘薯块根的形成，IAA 的降低导致光合产物向块根转移受阻，ZR 含量的下降影响块根的形成和膨大以及同化物向库器官的运输，从而导致减产。因此，植物遭受逆境胁迫时，各种激素水平间的平衡受到破坏，导致植物生长紊乱和正常代谢功能失调，影响作物的产量。关于甘薯对干旱胁迫响应的研究较多，大多集中于渗透调节物质、抗氧化酶活性变化和光合特性等生理生化特性等。然而，干旱胁迫条件下甘薯内源激素变化规律与光合荧光等生理特性关系的研究鲜有报道。

3.1 材料与方法

3.1.1 供试材料与试验设计

在青岛农业大学平度试验基地防雨旱棚内种植烟薯 25 号，缓苗结束后设正常供水（CK）、轻度干旱（LD）和重度干旱（HD）3 个处理（表 3-1）；采用全自动水分传感仪监测土壤含水量并控制浇水量，保证土壤含水量保持在各处理的水分含量范围内。每个处理重复 3 次，随机区组设计。

表 3-1 不同处理的土壤相对含水量

生长期	移栽后天数/d	各处理土壤相对含水量/%		
		CK	LD	HD
发根结薯期	15～30	75 ± 5	55 ± 5	35 ± 5
薯蔓并长期	30～70	75 ± 5	55 ± 5	35 ± 5
薯块膨大期	＞70	75 ± 5	55 ± 5	35 ± 5

注：CK 为正常供水；LD 为轻度干旱；HD 为重度干旱。

3.1.2 测定项目与方法

（1）生物量。于移栽后第30天、第50天、第75天、第100天和第125天采样，每次采样10株，记录叶片数、蔓长、地上部茎叶鲜重和地下部块根鲜重。地上部茎叶切碎混合均匀后，称取鲜样200 g左右，于80℃下烘至恒重。将块根切成粒状均匀混合后取样150 g，采取相同方法烘干测定其干物质重。

（2）产量。移栽后第160天收获，收获时进行小区测产，获得小区产量平均值，计算鲜薯产量。

（3）光合参数。采用CIRAS-3便携式光合测定仪（汉莎科技集团有限公司，美国）测定光合参数，于移栽后第30天、第50天和第85天9:00—11:00人工控制CO_2浓度400 μmol·mol^{-1}、温度25 ℃、光照强度1 200 μmol·m^{-2}·s^{-1}，测定净光合速率（Pn）、气孔导度（Gs）、胞间CO_2浓度（Ci）和蒸腾速率（Tr）。

（4）内源激素。用酶联免疫吸附法（ELISA）测定内源激素（ABA、IAA、ZR）含量，试剂盒购自南京建成生物工程研究所，取顶部第4片展开叶和代表性薯块（四分纵切后，取薯块中部切成的小块）各1 g，经液氮速冻后置于-80℃冰箱中保存，用0.1 mol·L^{-1} PBS缓冲液（pH=7.3）提取内源激素用于测定。

3.2 结果与分析

3.2.1 不同程度干旱胁迫对甘薯生物量和产量的影响

全生育期各处理的地上部生物量（茎叶鲜重）前期均快速增长，后期缓慢增长（图3-1a）。与CK处理相比，不同程度干旱胁迫处理均导致甘薯地上部生物量显著下降（$P<0.05$）。其中，降低幅度表现为以HD处理最大，LD处理最小。移栽后第50天，LD和HD处理分别降低了22.79%和66.30%。由于移栽后30～75 d茎叶快速增长和干旱持续时间较长，不同程度干旱处理的

甘薯后期地上部生物量差异显著（$P<0.05$）。在移栽后第 120 天，与 CK 处理相比，LD 和 HD 处理分别减少了 31.11% 和 79.97%。以上结果表明，干旱胁迫抑制了甘薯茎叶的生长速率，导致生物量下降，且干旱胁迫程度越大，持续时间越久影响越大，长时间重度干旱可引起植株早衰。

全生育期各处理的地下部生物量（块根鲜重）均呈增长趋势，50 d 以后快速增长（图 3-1b）。与 CK 处理相比，不同程度干旱胁迫均导致甘薯地下部生物量显著下降，其下降规律为 HD＞LD（$P<0.05$）。移栽后第 50 天，LD 和 HD 处理分别降低了 31.16% 和 65.38%，移栽后 50～100 d 块根快速增长和干旱持续时间较长，导致不同程度干旱处理的甘薯后期地下部生物量差异显著（$P<0.05$）。在移栽后第 120 天，与 CK 处理相比，LD 和 HD 处理分别减少了 28.85% 和 65.77%。

由图 3-1c 可知，与 CK 处理相比，不同程度干旱胁迫处理均导致鲜薯产量显著下降（$P<0.05$）。其中，HD 处理减产幅度最大，减产率为 66.67%；其次是 LD 处理，为 26.68%。随着干旱胁迫程度加剧，其对甘薯产量的影响增加。

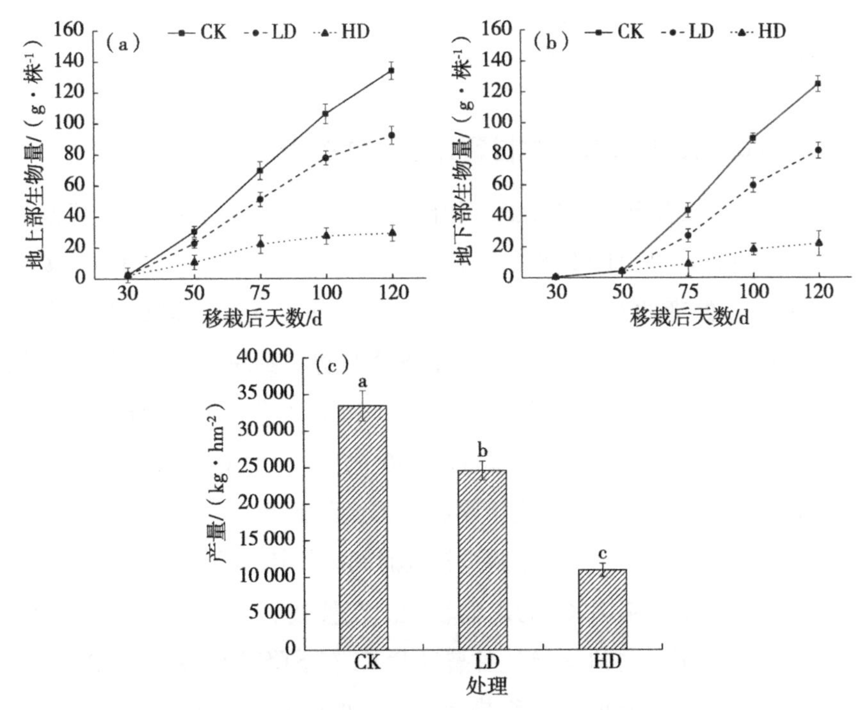

图 3-1 干旱胁迫对甘薯生物量和产量的影响

注：CK 为正常供水；LD 为轻度干旱；HD 为重度干旱。

3.2.2 不同程度干旱胁迫对甘薯农艺学性状的影响

由表 3-2 可知，移栽后 30～100 d 是甘薯叶片和分枝快速增加时期，100 d 以后分枝速度缓慢。与 CK 处理相比，不同程度干旱胁迫均导致甘薯叶片数和分枝数显著下降（$P<0.05$），各时期均表现为以 HD 处理的减少幅度最大，其次是 LD 处理。这说明不同程度干旱胁迫抑制了甘薯叶片的生长和分枝数，导致生育中后期叶片生长缓慢甚至衰老脱落，干旱胁迫程度越大和持续时间越长，对甘薯叶片数和分枝数的影响越大。

表 3-2 干旱胁迫对甘薯农艺性状的影响

处理	叶片数/个					分枝数/个				
	30 d	50 d	75 d	100 d	120 d	30 d	50 d	75 d	100 d	120 d
CK	23a	83a	140a	173a	192a	2a	4a	5a	7a	7a
LD	13b	58b	99b	113b	102b	1ab	2b	3b	4b	2b
HD	6c	24c	32c	49c	42c	0b	0b	1c	2c	2c

注：CK 为正常供水；LD 为轻度干旱；HD 为重度干旱；数据格式为平均值；同列不同小写字母表示处理间差异显著（$P<0.05$）。

3.2.3 不同程度干旱胁迫对甘薯光合特性的影响

由图 3-2 可以看出，与 CK 处理相比，不同程度干旱处理均显著降低了叶片的 Pn、Gs 和 Tr，且 HD 处理的下降幅度高于 LD 处理（$P<0.05$）。移栽后 30～75 d，CK 处理的 Pn、Gs 和 Tr 呈逐渐升高的趋势且升高速度最快，而 HD 处理在移栽 50 d 后 Pn、Gs 和 Tr 呈下降趋势，到块根快速膨大期，HD 处理远低于对 CK 处理。LD 处理的 Pn、Gs 和 Tr 变化与 CK 处理趋势一致，总体上也呈升高的趋势；但是，移栽后 30～75 d，LD 处理的升高速率显著低于 CK 处理。这说明不同程度干旱胁迫都会降低叶片的 Pn、Gs 和 Tr，导致地上部干物质积累减少，干旱胁迫持续时间越长其影响越大。

干旱胁迫对甘薯叶片 Ci 的影响较大。在移栽后 30～50 d，与 CK 处理相比，不同程度干旱胁迫均导致甘薯叶片 Ci 有下降的趋势，且 HD 处理下降幅度远远大于 LD 处理。在移栽后 75～120 d，LD 和 HD 处理的 Ci 又开始回升，不同的是 HD 处理的转折点是在移栽后第 75 天，而 LD 处理的则是在移栽后第 100 天，并都随胁迫时间的延长而增加，只是不同处理增加幅度略有不同。这说明干旱胁迫使甘薯叶片光合作用降低是由气孔限制而使进入叶肉细胞的 CO_2 减少所致的，而胁迫后期光合作用的降低则是由非气孔限制因素造成的，可能是干旱胁迫引起甘薯幼苗叶片光合结构和光合酶系统被破坏进而使光合作用受阻，表现为叶片 Ci 大幅度上升。

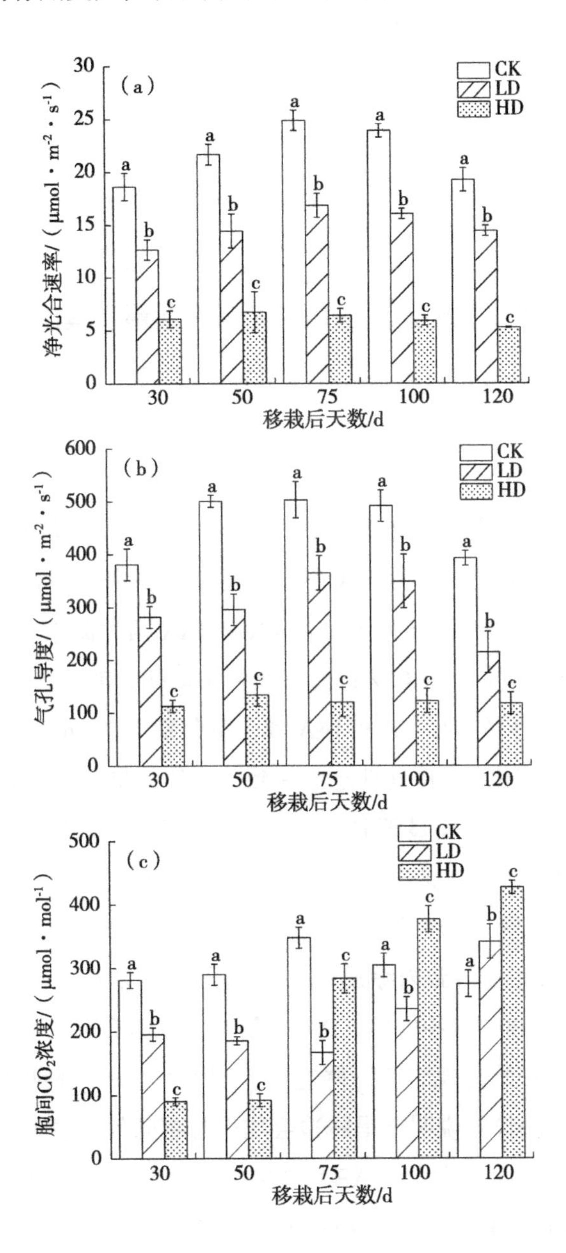

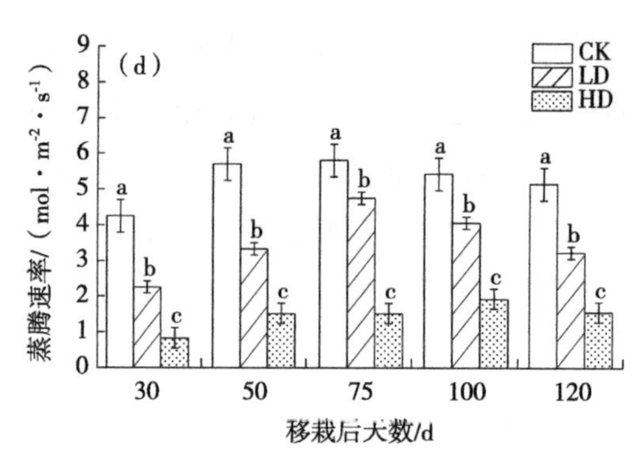

图 3-2 干旱胁迫对甘薯叶片光合特性的影响

注：CK 为正常供水；LD 为轻度干旱；HD 为重度干旱；数据格式为平均值；不同小写字母表示处理间差异显著（P<0.05）。

3.2.4 不同程度干旱胁迫对甘薯内源激素含量及其比例的影响

由表 3-3、表 3-4 可以看出，移栽后第 30 天时，与 CK 处理相比，HD 处理显著降低了叶片内 ZR 和 IAA 的含量，而 LD 处理差异不显著（P<0.05）。在移栽 30 d 后，与 CK 处理相比，不同程度干旱处理均显著降低了叶片 ZR 和 IAA 的含量（P<0.05），且 HD 处理激素含量的下降幅度大于 LD 处理。移栽后 30～100 d，CK 处理 ZR 和 IAA 含量呈逐渐升高的趋势且移栽后 30～75 d 增幅最快，而 HD 处理在移栽 50 d 后 ZR 和 IAA 两种激素含量呈下降趋势，减少量分别为 69.72% 和 66.07%；而到块根快速膨大期（移栽 100 d 后），HD 处理远远低于对 CK 处理，ZR 和 IAA 减少量分别为 76.46% 和 82.08%。LD 处理中激素含量的变化与 CK 处理趋势一致，总体上呈升高的趋势；在移栽后 30～75 d，LD 处理的增幅显著高于 CK 处理，但在移栽后第 50 天时，ZR 和 IAA 含量仍分别减少了 23.88% 和 16.64%。这说明不同程度干旱胁迫都会降低叶片 IAA 和 ZR 含量，导致地上部干物质积累减少，干旱胁迫程度越大，影响越大；而重度干旱胁迫导致内源激素含量远远低于正常水平，延缓植株的生长。

移栽后 30～100 d，各处理 ABA 含量均呈逐渐升高的趋势；CK 处理从移栽后第 100 天开始出现略微下降趋势，而 LD 和 HD 处理从移栽第 100 天后继续呈现上升趋势，说明干旱胁迫会加速甘薯叶片的衰老。与 CK 处理相比，不同程度干旱胁迫均导致 ABA 含量显著升高，且不同程度胁迫处理之间比较，HD 处理最高，其次是 LD 处理，CK 处理最低。这说明不同程度干

表 3-3　干旱胁迫对甘薯叶片内源激素含量的影响

单位：ng·g^{-1}

处理	ZR					IAA					ABA				
	30 d	50 d	75 d	100 d	120 d	30d	50 d	75 d	100 d	120 d	30 d	50 d	75 d	100 d	120 d
CK	21.53a	29.18a	35.69a	36.38a	35.68a	67.55b	83.38a	112.62a	123.04a	114.50a	116.99c	155.59c	166.74c	181.85c	172.19c
LD	19.42a	22.21b	29.92b	27.06b	25.69b	69.73a	69.51b	96.42b	82.34b	75.75b	152.35b	198.45b	215.74b	237.18b	244.71b
HD	8.28b	10.80c	10.77c	8.56c	7.32c	35.34c	26.75c	27.60c	22.04c	20.02c	192.58a	258.38a	282.65a	312.56a	316.52a

注：数据格式为平均值，不同小写字母表示处理间差异显著（$P<0.05$）。

表 3-4　干旱胁迫对甘薯块根内源激素含量的影响

单位：ng·g^{-1}

处理	ZR					IAA					ABA				
	30 d	50 d	75 d	100 d	120 d	30 d	50 d	75 d	100 d	120 d	30 d	50 d	75 d	100 d	120 d
CK	28.40a	29.35a	33.34a	40.10a	37.30a	44.81b	75.03a	98.12a	113.79a	115.06a	89.98c	117.26c	108.57c	156.25c	202.46c
LD	22.62b	27.51a	28.52b	30.68b	28.54b	49.85a	54.31b	71.59b	81.97b	79.36b	114.84b	147.69b	135.51b	202.25b	261.63b
HD	17.14c	18.81b	23.81c	15.36c	13.68c	28.44c	37.00c	29.90c	31.28c	33.35c	150.78a	183.73a	192.31a	270.23a	358.29a

注：数据格式为平均值，不同小写字母表示处理间差异显著（$P<0.05$）。

旱胁迫都会使叶片 ABA 含量增加，导致细胞代谢减缓、茎叶生长缓慢和干物质积累降低，从而减少水分过度消耗，从而抵御干旱胁迫。

植物受外界胁迫时，其体内的激素之间也存在着拮抗、协同等作用，而 ZR、IAA 和 ABA 等激素间的比值正是内源激素自身协调性变化的反映。从图 3-3 可以看出，与 CK 处理相比，不同程度干旱胁迫显著降低了 ZR/ABA 和 IAA/ABA，且 HD 处理下降幅度大于 LD 处理。不同程度干旱胁迫下甘薯叶片各内源激素的比值呈现不同的变化规律，其中 LD 处理的 ZR/ABA 和 IAA/ABA 总体呈现下降的变化趋势，在移栽后 30～50 d 下降幅度最大；而 HD 处理呈现平缓下降的趋势。与 CK 处理相比，HD 处理的 IAA/ZR 显著下降（$P<0.05$），且总体呈下降趋势。移栽后 30～50 d，LD 处理的 IAA/ZR 下降幅度显著大于 CK 处理（$P<0.05$），且在移栽后第 50 天时低于 CK 处理，而在移栽后 50～75 d 其上升幅度显著低于 CK。这说明干旱胁迫导致叶片 IAA、ZR 和 ABA 各激素间比例失调，导致茎叶生长受到抑制。

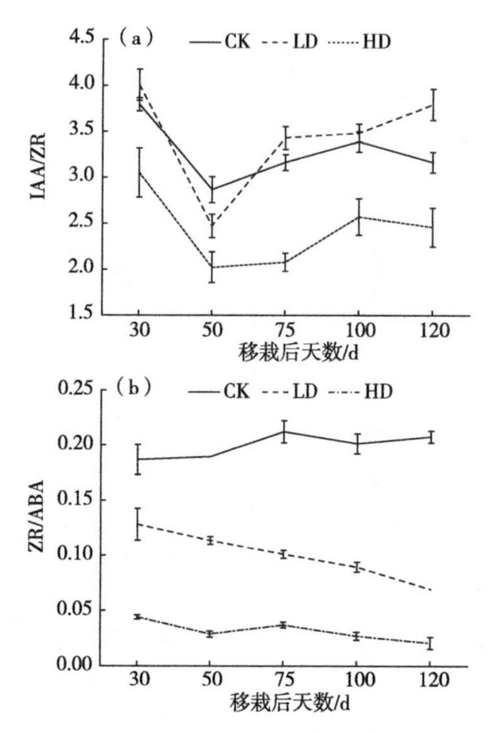

图 3-3　干旱胁迫对甘薯叶片内源激素比例关系的影响

注：CK 为正常供水；LD 为轻度干旱；HD 为重度干旱；IAA 为生长素；ZR 为玉米素核糖核苷；ABA 为脱落素。

3.2.5 甘薯叶片内源激素含量与光合参数的相关性分析

对叶片内源激素含量与光合参数进行相关性分析（表 3-5），从结果可以看出，Pn 和 Gs 与叶片 ZR、IAA 含量及 ZR/ABA、IAA/ABA 呈显著正相关，与叶片 ABA 含量呈极显著负相关。Tr 与叶片 ZR、IAA 含量及 ZR/ABA、IAA/ABA 和 IAA/ZR 呈显著正相关，与叶片 ABA 含量呈极显著负相关。由此表明，甘薯叶片 ZR 和 IAA 等内源激素含量及其比例变化对 Pn、Gs 和 Tr 具有更为积极的作用，能够维持甘薯叶片进行正常的光合作用。

表 3-5　叶片内源激素含量与光合参数的相关系数

指标	Pn	Gs	Ci	Tr	ZR	IAA	ABA	ZR/ABA	IAA/ABA
Gs	0.92**								
Ci	0.24	0.15							
Tr	0.92**	0.91**	0.22						
ZR	0.94**	0.94**	0.15	0.89**					
IAA	0.94**	0.91**	0.17	0.86**	0.97**				
ABA	−0.65**	−0.70**	0.26	−0.61**	−0.66**	−0.64**			
ZR/ABA	0.82**	0.85**	−0.06	0.80**	0.79**	0.74**	−0.85**		
IAA/ABA	0.93**	0.94**	0.12	0.89**	0.94**	0.91**	−0.70**	0.87**	
IAA/ZR	0.65**	0.60	0.42**	0.62**	0.68**	0.73**	−0.09	0.21	0.62**

注：Pn 为净光合速率；Gs 为气孔导度；Ci 为胞间 CO_2 浓度；Tr 为蒸腾速率；ZR 为玉米素核糖核苷；IAA 为生长素；ABA 为脱落酸；$^{*}P<0.05$；$^{**}P<0.01$。

3.3 讨论

光合作用是植物体内至关重要的代谢过程。干旱胁迫容易引起作物叶片的褪绿，导致气孔关闭和与光合作用相关激素含量的下降，从而降低了植物光合作用活性及碳氮代谢速率（周宇飞等，2014）。气孔是植物对干旱胁迫反应的一个重要“窗口”。当土壤水分不足时，气孔往往部分或全部关闭使蒸腾速率降低，在减少水分散失的同时，也减少了 CO_2 的进入，从而导致光合速率的下降（安玉艳等，2012）。实际上，在植物受到干旱胁迫时，影响光合速率的因素既有气孔性限制，也有非气孔性限制。在轻度胁迫下气孔性限制是影响光合作用的主要因素，而在重度胁迫下叶片的光合器官结构受到损坏，这时光合作用主要受叶绿体固定 CO_2 能力的影响，是非气孔性限制（孙志勇和季孔庶，2010；龚秋等，2015）。本研究干旱胁迫下甘薯 Gs 和 Pn 均显著降低，在移栽后 75～120 d，干旱胁迫下的 Ci 又开始回升，不同的是重度胁迫的转折点是在移栽后第 75 天，而轻度胁迫的转折点则是在移栽后第 100 天。

叶片是光合产物的源，是甘薯获得高产的基础，而叶片内源激素的协调作用是影响甘薯地上部生长发育和相关生理功能的主要内在因素。IAA 具有双重功效，前期促进植株生长，而后期加速植物衰老；细胞分裂素（CTK）可延缓叶片衰老，ABA 促进衰老（赵春江和康书江，2000）。CTK 被认为是干旱胁迫下的信号响应物质，是一种引导同化物移动的重要信号，诱导碳同化物向块根的移动，维持或改变植物源库关系（Goodger et al.，2005）。另有研究表明，ABA 可促进同化物向库的运输与卸载（Schussler，1991），同时作为一种逆境应激激素，干旱胁迫条件下可促使叶片气孔关闭，减少水分蒸腾（Fereres and Soriano，2007；Tang et al.，2005）。本研究结果表明，干旱胁迫条件下，叶片 ZR 和 IAA 含量的下降及其比例失衡导致茎叶鲜重日增长速率下降，光合作用下降，地上部生长减缓，进而干物质积累下降；而光合指标与叶片 ABA 含量呈显著负相关，说明干旱胁迫条件下，ABA 含量的增加使细胞代谢变缓，茎叶生长缓慢，干物质积累降低，从而减少水分过度消耗，这是植物抵御干旱胁迫的应激反应；另外，发根结薯期和薯蔓并长期是 ZR 和 IAA 含量增加最快的时期，此时期遭到不同程度的干旱胁迫均会导致甘薯叶片内源激素升高速率下降，且干旱胁迫程度越大，升高速率下降越大。

内源激素是存在于植物体内的天然微量物质，在调控植物根系细胞分裂和分化方面扮演重要角色。甘薯块根的形成和膨大是多种内源激素协同作用的结果，IAA 和 CTK 均有强化库器官活性、定向诱导同化物向之运输和卸载的作用（王庆美等，2005），ABA 可促进碳水化合物向甘薯块根内的运转和积累，ZR、IAA 和 ABA 含量在甘薯块根形成和膨大方面起着主导作用，与块根产量呈显著正相关（刘梦云等，1997）。ABA 含量与马铃薯块茎的增大呈显著正相关（李良俊等，2006）。莲藕膨大过程中 ABA 含量不断升高，ZR 含量不断下降，IAA 含量则先升高后下降（Xu et al.，1998）。本试验结果表明，干旱胁迫条件下，叶片 ZR 和 IAA 含量的下降及其比例失衡限制光合产物向块根的运输，ZR 含量的下降影响块根的形成和膨大以及同化物向库器官的运输；与正常供水处理相比，轻度干旱处理块根中 ZR 和 IAA 含量下降幅度小于重度干旱处理，说明干旱胁迫程度越大，块根中激素含量下降幅度越大。此外，移栽后 30～100 d 是 ZR 和 IAA 含量增加最快的时期，此时期不同程度的干旱胁迫均导致甘薯叶片内源激素升高速率下降，且干旱胁迫程度越大，升高速率下降越大。前人研究认为，ABA 可促进光合产物向块根卸载，促进薯块的膨大，在不定根转化成块根和薯块膨大的过程中起着关键性作用。本研究中，各处理的地下部鲜/干重和块根 ABA 含量均在薯块膨大后期达到最大值，说明 ABA 可促进干物质的积累；而在干旱胁迫条件下，不同处理间块根 ABA 含量与地下部干重呈显著负相关，且胁迫程度越大，ABA 含量越高，地下部干重越低。说明在干旱胁迫条件下，ABA 是一种信号物质，由根系迅速感知胁迫信号，以 ABA 的形式将干旱信息传递到地上部，造成甘薯植株代谢活动减弱，从而在形态和生理等方面发生与干旱胁迫相适应的变化，以提高自身的抗旱能力，地下部干重的下降正是对干旱胁迫的适应性反应，且遭受干旱胁迫程度越大，地下部干重下降的幅度越大。

干旱条件诱导内源激素含量的变化，并调控气孔行为和光合作用。Gs 和 Pn 与叶片中的 ABA 含量呈极显著负相关，ABA 调节了气孔在干旱条件下的开闭状态。甘薯叶片的气孔行为和光电子传递等光合作用不仅与内源激素含量有关，而且与各激素之间的平衡相关。植物叶片的气孔行为和光合作用不仅受 ABA 影响，而是 ABA 含量增加以及 ZR 和 IAA 含量下降共同作用的结果（张海燕等，2018）。据此推断干旱条件下甘薯光合特性的变化应该是 ZR、IAA 和 ABA 及其比例变化共同作用的结果。

3.4 结论

不同程度干旱胁迫均导致甘薯产量下降，其主要原因是干旱影响甘薯植株前中期内源激素的合成（ZR、IAA 含量降低，ABA 含量升高）以及其比例失衡（ZR/ABA 和 IAA/ABA 下降），影响甘薯叶片光合作用，导致茎叶和根系生长减缓，破坏了正常的源库比例，且胁迫程度越大，对甘薯产量影响越大。

4

干旱胁迫对甘薯根系生长及荧光生理特性的影响

多数作物都有一个水分敏感期，在这一时期如果水分供应不足则会显著减产。甘薯虽较一般作物耐旱，但发根分枝结薯期却是其生育期中对水分相对敏感的时期。干旱条件下，甘薯会在根系形态特征、生理代谢方面发生改变以适应或抵御环境胁迫。移栽后不定根的生长需要充足水分，此时遇到干旱胁迫会对甘薯不定根的分化造成不利影响，阻碍块根的形成，导致块根数量减少。干旱胁迫下，甘薯叶片相对含水量显著降低，叶绿素降解且含量持续减少；MDA 和脯氨酸含量不断上升，SOD 表现为先增加后减少的趋势。甘薯体内酶活性、可溶性糖含量、Gs 以及 Tr 均随干旱胁迫的加重而降低。

荧光技术作为测定植物光合生理特性的有效方法已广泛应用于室内和野外植物光合特性研究。本章模拟当地气候条件，在甘薯的前、中、后 3 个阶段分别进行 1 次持续 15 d 的干旱胁迫处理，研究甘薯在 3 个不同时期荧光生理参数和根系形态的变化，分析干旱生境与作物生理过程及产量之间的关系，找出甘薯的水分临界期，阐明干旱减产的主要原因，为减轻干旱影响和合理甘薯生产管理提供科学依据。

4.1 材料与方法

4.1.1 供试材料与试验设计

试验于 2013 年 6 月 14 日至 10 月 12 日在青岛农业大学实验基地的人工旱棚（旱棚长 15 m、宽 10 m、高 3 m）中进行。试验用营养钵高 45 cm、直径 36 cm，栽培基质采用菜园土与沙子 3：1 混合，每盆装 40 kg 基质。以北方薯区主栽品种徐薯 22 号为试验材料，挑选长势一致的薯苗，每盆定植 1 株，进行正常管理。

以基质含水量 8%～10% 作为干旱胁迫、18%～20% 作为正常处理，分别于移栽后第 15 天、第 55 天和第 95 天（即前、中、后 3 个时期）进行干旱处理，每次干旱处理持续 15 d，用土壤湿度计控制土壤含水量。试验共设 42 盆，干旱处理重复 9 盆，其中 3 盆干旱胁迫后立即采样，剩余 6 盆收获期测产；正常处理15盆，3次动态采样，每次采3盆，剩余6盆收获期测产。

4.1.2 测定项目与方法

（1）根系形态学参数。采样时，将根完整挖出，将变态根摘下并切片，用Epson v700扫描仪（分辨率为400 bpi）对纤维根和切片进行扫描。扫描时将根系放入特制的透明托盘内，加入3～5 mL水以避免根系分支的互相缠绕。扫描后保存图像，采用Win RHIZO分析程序对图像进行分析。

（2）叶绿素荧光参数。参考Schanske等（2003）的方法，取甘薯第5片功能叶，暗处理20 min，然后利用M-PEA便携式连续激发式荧光仪（汉莎科技集团有限公司，英国）同时测定叶片快速叶绿素荧光诱导动力学曲线（O-J-I-P曲线）和对820 nm的光吸收曲线［远红光测量光是峰值为（820 ± 20）nm的LED光源］。O-J-I-P曲线由3 000 μmol · m^{-2} · s^{-1}的脉冲光诱导，荧光信号记录从10 μs开始，至1 s结束，记录的初始速率为每秒118个数据。

4.2 结果与分析

4.2.1 不同时期干旱胁迫对甘薯生物量的影响

由表4-1可知，不同时期干旱胁迫均降低了甘薯地上部和地下部生物量。与正常供水相比，前期和中期干旱胁迫导致其地上部、地下部干重分别降低47.2%、35.4%和38.4%、31.1%，且差异显著（$P<0.05$）。而后期干旱胁迫较前、中期影响程度有所下降，地上部和地下部干重均减少10%左右。

表4-1　不同时期干旱胁迫下甘薯地上部和地下部干重　　单位：g · 株$^{-1}$

部位	前期		中期		后期	
	正常供水	干旱胁迫	正常供水	干旱胁迫	正常供水	干旱胁迫
地上部	12.7a	6.7b	301.9a	186.0b	233.5a	212.4a
地下部	8.2a	5.3b	130.1a	89.6b	295.7a	265.0ab

注：同行同一时期不同小写字母表示处理间差异显著（$P<0.05$）。

前、中、后 3 个时期的干旱胁迫均影响甘薯收获期的生长。与正常供水相比，前期和中期干旱胁迫下地上部生物量、产量分别减少了 40.0%、43.7% 和 23.3%、29.7%，差异显著（$P<0.05$）。而后期干旱胁迫后，地上部生物量和产量有下降趋势，但差异不显著（图 4-1）。

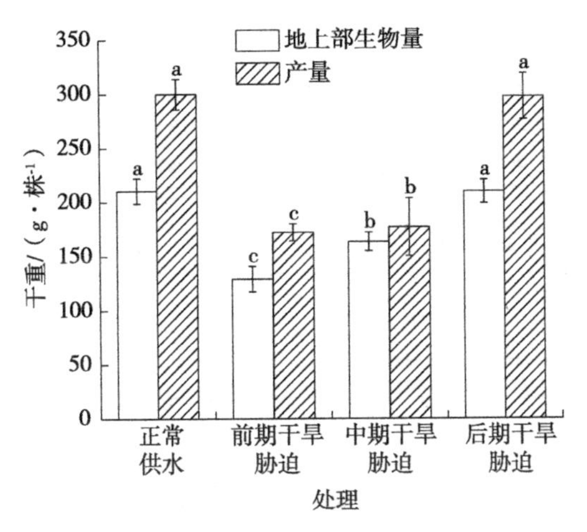

图 4-1　干旱胁迫对甘薯收获期地上部生物量和产量的影响

注：柱上不同小写字母表示处理间差异显著（$P<0.05$）。

4.2.2　不同时期干旱胁迫对甘薯根系发育的影响

干旱胁迫严重影响了甘薯各个时期的根系发育，显著降低了总根长、根表面积和根体积。其中，前期干旱胁迫对根系发育的影响最显著，与正常供水相比，总根长减少了 49.4%，根表面积降低了 55.7%，根体积减少了 43.2%；其次是中期干旱胁迫，总根长减少了 8.1%，根表面积降低了 26.4%，根体积减少了 28.9%；后期干旱对根系生长的影响也达显著水平，总根长减少了 16.2%，根表面积降低了 35.4%，根体积降低 15.0%（表 4-2）。

根据宁运旺等（2015）的研究，将直径≤1.5mm 的根系看作纤维根，具有吸收功能，将直径≥1.5mm 的根系看作已发生变态增粗的分化根，有发育成块根的潜力。由表 4-2 可知，任何时期的干旱胁迫都显著减少了纤维根的长度，且前期和中期干旱胁迫也使分化根显著减少。

由双因素分析可以看出，不同时期和干旱胁迫均显著影响了根系生长，且交互效应明显。其中，纤维根的长度与水分和时期均呈极显著相关（$P<0.01$）。

表 4-2 不同时期干旱胁迫对根系发育影响的双因素分析

项目		根长/cm			根表面积/cm²	根体积/cm³
		总根长	直径≤1.5 mm	直径>1.5 mm		
前期	正常供水	1 745.4a	1 391.6a	353.1a	517.6a	13.9a
	干旱胁迫	882.3b	689.9b	192.1b	229.3b	7.9b
中期	正常供水	3 504.8a	2 845.5a	657.8a	1 026.1a	20.4a
	干旱胁迫	3 220.1b	2 639.5ab	579.2ab	755.4ab	14.5b
后期	正常供水	3 529.7a	3 114.9a	413.6a	1 083.7a	17.3a
	干旱胁迫	2 957.6b	2 532.3b	423.8a	700.4ab	14.7ab
因素分析						
干旱 D		**	***	**	**	**
时期 P		***	***	**	***	**
D×P		*	**	*	*	*

注：同列不同字母表示差异显著（$P<0.05$）；*$P<0.05$；**$P<0.01$；**$P<0.001$。

4.2.3 不同时期干旱胁迫对甘薯 PS Ⅱ活性的影响

由图 4-2 可知，前期和中期干旱胁迫后叶片 F_m 明显降低，且前期显著低于中期，表明干旱胁迫使 PS Ⅱ反应中心遭到破坏，导致光合潜力下降；前期和中期干旱胁迫均显著降低甘薯叶片的 F_v/F_m 和 PI（ABS），表明前期、中期干旱胁迫均显著降低了 PS Ⅱ活性，且这种趋势在前期表现得更为突出。这说明干旱胁迫使甘薯叶片的光合能力下降，对光能的利用率降低，且在前期表现得最为明显。

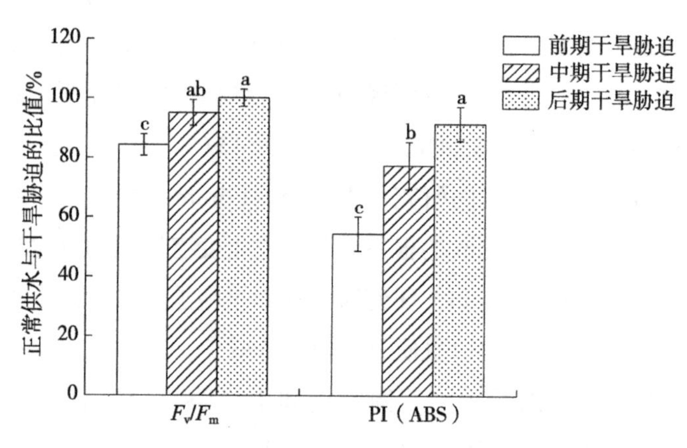

图 4-2 干旱胁迫对 F_v/F_m、PI（ABS）的影响

注：柱上不同小写字母表示不同时期干旱胁迫间差异显著（$P<0.05$）。

4.2.4 干旱胁迫对甘薯 PS Ⅱ供体侧、受体侧和反应中心的影响

干旱胁迫后 φEo 有所下降，且前期和后期干旱胁迫之间差异极显著（P<0.01）。说明前期干旱胁迫明显降低了反应中心吸收的光能，用于电子传递的量子产额明显降低，PS Ⅱ的相对电子传递能力下降。V_J 可以反映 Q_A 积累量，而 dV/dt_o 反映的是 Q_A 被还原的最大速率，二者显著升高，表明干旱胁迫使 Q_A 的积累增加，Q_A 到 Q_B 的电子传递受到抑制（图 4-3）。

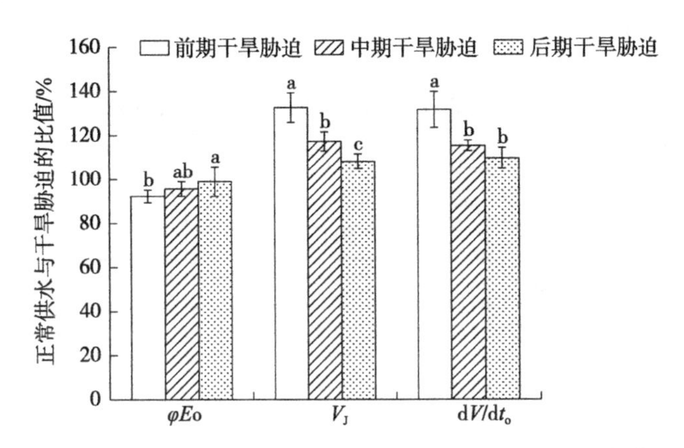

图 4-3　干旱胁迫下叶绿素荧光参数 φEo、V_J、dV/dt_o 的变化

注：柱上不同小写字母表示不同时期干旱胁迫间差异显著（P<0.05）。

由表 4-3 可知，不同时期的干旱胁迫，单位面积上活性反应中心的数量（RC/CSo）显著减少，单位面积上光能的吸收（ABS/CSo）、光能的捕获（TRo/CSo）也显著降低，且前期干旱胁迫最为明显。说明干旱胁迫（尤其是前期）对 PS Ⅱ反应中心造成伤害，使反应中心裂解或失活，同时也使天线色素降解或者结构改变。前期剩余的有活性反应中心激发 Q_A 的能量（TRo/RC）显著增加，说明前期干旱胁迫使激发能过剩，加重反应中心的负担，进一步对反应中心造成伤害。

表 4-3　不同时期干旱胁迫对 RC/CSo、ABS/CSo、TRo/CSo、TRo/RC 的影响

胁迫时期	RC/CSo	ABS/CSo	TRo/CSo	TRo/RC
早期	50.24 ± 1.36c	92.58 ± 9.26a	88.46 ± 7.30b	176.55 ± 11.78a
中期	85.34 ± 6.32b	93.57 ± 3.63a	93.32 ± 2.20a	107.27 ± 9.69b
晚期	96.21 ± 3.76a	96.34 ± 7.26a	95.68 ± 6.40a	100.51 ± 6.58b

注：同列不同小写字母表示处理间差异显著（P<0.05）。

4.2.5 根系参数与叶绿素荧光参数的相关性分析

由表 4-4 可知，F_v/F_m 与 PI（ABS）、φEo 呈显著正相关，与 V_J、dV/dt_o 呈极显著负相关；PI（ABS）与 φEo 呈极显著正相关，与 dV/dt_o 呈极显著负相关；φEo 与 V_J 和 dV/dt_o 均呈极显著负相关；V_J 和 dV/dt_o 呈极显著正相关。总根长和纤维根长均与 F_v/F_m、PI（ABS）和 φEo 呈显著正相关关系、与 V_J 和 dV/dt_o 呈显著负相关关系（$P<0.05$）；而分化根与 PI（ABS）呈显著正相关关系（$P<0.05$）。

表 4-4　根系参数与叶绿素荧光参数的相关性分析

指标	总根长	直径≤1.5 mm 根长	直径＞1.5 mm 根长	F_v/F_m	PI（ABS）	φEo	V_J
直径≤1.5 mm 根长	1.00**						
直径＞1.5 mm 根长	0.84*	0.79*					
F_v/F_m	0.83*	0.82*	0.71				
PI（ABS）	0.98**	0.97**	0.85*	0.77*			
φEo	0.93**	0.95**	0.63	0.79*	0.92**		
V_J	−0.78*	−0.81*	−0.44	−0.89**	−0.73	−0.88**	
dV/dt_o	−0.95**	−0.96**	−0.68	−0.89**	−0.92**	−0.98**	0.93**

注：*$P<0.05$；**$P<0.01$。

4.3 讨论

本试验表明，任何时期的干旱胁迫均能使甘薯总根长、根表面积和根体积减少，进而造成一定程度的减产。这是由于根系指标在很大程度上决定了甘薯对土壤中水分和养分的吸收，从而影响了产量的形成（袁振等，2014）。干旱胁迫还能通过影响块根的分化，阻碍块根的形成，从而降低产量（Kato and Okami，2010）。Kim 等（2002）研究表明，干旱降低了影响块根发育的

ADP 葡萄糖焦磷酸化酶（AGPase）和查耳酮合成酶（CHS）基因在甘薯块根中的表达。另外，土壤含水量的下降导致土壤机械阻力增大进而限制了块根的膨大。干旱也降低了土壤中有效养分的迁移，导致根系对养分的吸收下降，不利于甘薯根系的生长发育和干物质积累（Chowdhory，2000）。本研究结果表明，前期干旱胁迫对根系的生物量及生长状况影响最大，其次是中期，后期干旱胁迫对甘薯生物量影响最小。这主要是因为春旱导致的土壤含水量下降能够严重影响前期根系生长发育；同时土壤有效养分的迁移也显著降低，进一步降低前期的分根结薯（汪云和陈胜勇，2011）。到了甘薯生长中期即薯蔓并长期，其地上部和根系结构发育完成，同时茎蔓上的不定根也能从土壤和空气中吸收水分，因此与前期相比其对干旱胁迫有一定的抗性，但甘薯还是会通过减少自身生物量来降低自身需水量。后期正值地上部的衰老期，对水分的需求小，且这时的根系基本建成，吸收水分的能力强，所以干旱胁迫对根系影响最小（马富举等，2012）。

植物受到干旱胁迫时，根系会最先感知，并迅速产生化学信号关闭气孔以减少水分散失。同时，根系也可通过自身形态和生理生化特性的调整来适应干旱逆境（Jia and Zhang，2008）。在叶绿素荧光动力学中，F_m 可反映通过 PS Ⅱ的电子传递情况，而 F_v/F_m 可反映 PS Ⅱ反应中心内的光能转换效率（张守仁，1999）。植物在干旱胁迫条件下，F_m 和 F_v/F_m 显著下降（冀天会等，2005；郭春芳，2009）。本试验结果表明，前期和中期干旱胁迫使甘薯 F_m 和 F_v/F_m 显著下降，而后期干旱胁迫与正常供水相比差异未达到显著。春旱使甘薯发生了光抑制，光合能力下降，光能利用率降低，这与白志英等（2011）的研究结果一致。

前期和中期干旱胁迫后 PI（ABS）显著下降，说明干旱胁迫使整个 PS Ⅱ的结构和功能都受到了严重伤害，这与 Živčák（2008）的研究结果吻合。干旱胁迫使 V_J 和 dV/dt_o 显著升高，反映出 Q_A 的大量积累，表示 Q_A 到 Q_B 的电子传递受阻，从而说明受体侧受到的抑制比供体侧大。同时，前期的干旱胁迫还使甘薯叶片单位面积上有活性反应中心的数量（RC/CSo）、光能的捕获（TRo/CSo）显著减少，而有活性反应中心激发 Q_A 的能量（TRo/RC）却在增加，说明前期干旱胁迫对 PS Ⅱ反应中心造成伤害，使反应中心裂解或失活，同时也使天线色素降解或者结构改变。为了更好地耗散电子传递链中的能量，迫使剩余的有活性反应中心效率提高，这加重了剩余的有活性反应中心的负担，进一步对反应中心造成伤害，这些都与杨德翠等（2013）的研究结果相吻合。

甘薯的干物质90%来自光合作用，而在干旱条件下，甘薯叶片为避免缺水对光合器官的损伤，迫使PS Ⅱ光化学活性下降，叶绿素衰减和光合膜的功能失调，叶片以热耗散形式消耗光捕获蛋白复合物吸收的过剩光能（Ladjal，2000；Bader，2000），从而导致光合能力下降，光能利用率低，光合产物向薯块转移受阻，导致减产。本试验结果表明，前期干旱胁迫对各参数的影响最显著，说明前期干旱胁迫对光合产物的累积影响最大。

根系作为甘薯水分吸收及物质同化的关键部位，其数量和分布影响着土壤中水分和养分的分布。叶片是甘薯光合作用的场所，受到干旱胁迫后，甘薯叶片PS Ⅱ受损，导致甘薯光合效率下降、光电子传递受阻。本试验结果表明，不同时期干旱胁迫下根系参数和荧光参数呈显著相关。这是因为甘薯前期叶片对干旱相对敏感，水分供应不足易使光合器官受损，而前期根系发育尚不完全，不能吸收充足的水分，甘薯只能通过降低PS Ⅱ活性来减轻干旱胁迫的损害；中期甘薯根系生物量比前期大，能吸收较深层的土壤水分，而薯蔓的不定根也能增加土壤表层的水分吸收，所以对干旱的抵抗力比前期强，干旱对PS Ⅱ的影响较小；后期正值甘薯叶片的衰老期，对水分的需求下降，且PS Ⅱ活性本来就弱，故对干旱的响应不显著。

4.4 结论

三个时期干旱胁迫均降低了甘薯地上部和地下部生物量，其影响规律为前期＞中期＞后期。干旱胁迫阻碍纤维根生长从而减少甘薯对养分的吸收，前期和中期干旱胁迫阻碍显著，后期相对较小。前期和中期干旱胁迫均对甘薯光合器官造成了破坏，显著降低光合能力，且叶绿素荧光动力学曲线发生明显变化，而后期未达显著水平。因此，甘薯前期遇旱应及时灌溉，最大限度地减少经济损失。

5

干旱胁迫对甘薯块根淀粉品质的影响

干旱胁迫改变了甘薯的生理生化特征，抑制了块根的膨大和光合同化物向根的分配比例，植株体内的这些变化均会影响甘薯的品质。干旱胁迫会影响淀粉的组分变化进而影响淀粉的品质，而淀粉的回生黏度、峰值时间、糊化温度、膨胀势、老化值等指标与加工品质密切相关。甘薯生长后期一定程度的干旱胁迫对于淀粉型甘薯的淀粉品质具有提升作用，但持续的干旱会降低甘薯淀粉的品质。分析甘薯淀粉色泽度、直支链淀粉含量、糊化特性、理化特性等品质指标与干旱的内在关系，为淀粉型甘薯的种植加工和综合利用提供参考价值。

5.1 材料与方法

5.1.1 供试材料与试验设计

试验设 4 个处理：发根分枝期干旱（T1）、薯蔓并长期干旱（T2）、块根膨大期干旱（T3）、全生育期正常灌水（CK，对照）。不同处理土壤水分参数设定见表 5-1。试验采用抗旱池进行甘薯种植，池长 10 m、宽 2 m、深 0.6 m，底部使用塑料膜铺垫阻断地下水。每个抗旱池为 1 个试验小区，每个抗旱池内沿纵向起 2 垄，分别种植商薯 19 号和烟薯 29 号甘薯，株距 20 cm，每个处理重复 3 次。薯苗于 2021 年 5 月 10 日移栽，分别在移栽后第 30 天、第 60 天、第 90 天停止浇水进行干旱胁迫处理 10 d 后采样，采样后恢复正常浇水，在 10 月 12 日收获，全生育期 155 d。土壤水分控制设备为青岛农业大学和潍坊汇金海物联网技术有限公司联合研制的水分原位监测与智能精准管理系统。在每个处理垄下 15 cm 土层分别埋 3 个土壤水分传感器，在控制系统上设定好各处理的土壤含水量临界值，设备根据土壤水分传感器发回的监测结果进行自动浇水，以控制土壤含水量在不同处理设定的范围内。

表 5-1　甘薯不同生长时期干旱胁迫试验土壤相对含水量设定

处理	发根分枝期（0～60 d）	薯蔓并长期（60～90 d）	块根膨大期（90～120 d）
CK	70% ± 5%	70% ± 5%	70% ± 5%
T1	35% ± 5%	70% ± 5%	70% ± 5%
T2	70% ± 5%	35% ± 5%	70% ± 5%
T3	70% ± 5%	70% ± 5%	35% ± 5%

注：CK 为全生育期正常灌水；T1 为发根分枝期干旱；T2 为薯蔓并长期干旱；T3 为块根膨大期干旱。

5.1.2　测定项目与方法

在每个小区随机采集 5 株，测定甘薯蔓长、基部分枝数，称量植株地上部和地下部鲜重并测定光合荧光参数。在移栽后第 155 天进行采样和测定鲜薯产量，在实验室测定地上部和地下部养分含量、薯干率、淀粉含量、淀粉组分及比例、淀粉糊化特性、淀粉热特性等指标。

（1）淀粉提取。选择健康、完整、无病害、重 500 g 的新鲜薯块，洗净去皮，切成细块状放入高速打浆机中，加适量水进行粉碎 30 s 左右，倒入 100 目（0.149 mm，全书同）纱袋中，加入 500 mL 蒸馏水进行洗提。将残渣再加入 500 mL 蒸馏水进行洗提 1 次，然后将洗提液合并进行 100 目筛过滤，室温下静置 12 h，沉淀，倒去上清液后置于 50℃烘箱 24 h。将烘干的粗淀粉进行研磨，过 100 目筛后进行封存。

（2）淀粉含量测定。采用碘－碘化钾双波长比色法测定直链淀粉和支链淀粉含量，支链淀粉含量与直链淀粉含量之和即为总淀粉含量。

（3）淀粉黏度特性测定。利用 Techmaster 快速黏度分析仪（Perten，瑞典）测定甘薯淀粉黏度参数，参考唐忠厚等（2011）等方法。测定指标包括峰值黏度（PKV）、谷值黏度（HPV）、崩解黏度（BDV）、最终黏度（CPV）、回生黏度（CSV）和糊化温度（PT）等。

（4）淀粉溶解度与膨胀值测定。称取 0.5 g（干基）淀粉样品并量取 30 mL 去离子水，置于 50 mL 的离心管中。将样品放在 90 ℃的热水中水浴 30 min，并连续进行搅拌，完成后冷却至室温。然后使用离心机在 3 734 $r \cdot min^{-1}$ 下离心 30 min。完成离心后将上清液导入铝盒中称量沉淀的重量。将铝盒放在烘干机中 105 ℃下干燥 16 h 后并称重。

（5）淀粉老化值测定。在 50 mL 离心管中配制 6%（干基，3 g 淀粉加 25 mL 蒸馏水）的淀粉悬浮液，将悬浮液置于 95 ℃热水中水浴 20 min，进行充分糊化，然后在室温下冷却至 30 ℃。将样品 4 ℃下冷藏 24 h 后在 30 ℃下平衡放置 2 h。然后将样品放入离心机离心 20 min，称量上清液的重量。老化值表示为上清液质量占淀粉悬浮液质量的百分比，计算公式如下：

$$老化值（\%）= 上清液质量/淀粉悬浮液质量 \times 100 \quad （5-1）$$

（6）淀粉色泽度测定。淀粉的色度采用色差仪进行测定。分别测定样品的 L、a 和 b 值，并按公式计算 ΔE 值。

$$\Delta E=\sqrt{L^2+a^2+b^2} \quad （5-2）$$

式中，ΔE 值表示色泽度；L 值表示白/黑；a 值表示红/绿；b 值表示黄/蓝。

5.2 结果与分析

5.2.1 不同时期干旱胁迫对甘薯淀粉色度的影响

由表 5-2 可以看出，商薯 19 号和烟薯 29 号两个品种在不同时期干旱下 L 值均有改变，变化趋势一致。L 值为白/黑的一个比值，越大表示白色的成分占比越大。T1 处理 L 值最小与其他处理相比达到了显著水平，T2 与 T3 之间差异不明显。a 值与 b 值在不同时期干旱差异显著，和干旱胁迫下胡萝卜素等色素含量发生变化有关。ΔE 值的变化与 L 值一致，由此可以看出 L 值的大小基本决定了 ΔE 值。T1 处理的 ΔE 值最小，表明淀粉色度越低，杂质较多降低了白色的亮度。T2 与 T3 之间的差异不明显，中后期的干旱对淀粉色度的影响相同。T1 处理下色度最低，说明干旱发生的时期越早影响程度越大，与其生理发生较大的改变进而使淀粉色度差别较大。

表 5-2　不同时期干旱胁迫对甘薯淀粉的色泽度的影响

品种	处理	*L* 值	*a* 值	*b* 值	Δ*E* 值
商薯 19 号	CK	84.62 ± 0.35a	−1.16 ± 0.02c	4.08 ± 0.03a	84.61 ± 0.22a
	T1	81.48 ± 0.32c	−0.94 ± 0.02b	3.46 ± 0.03b	81.61 ± 0.31c
	T2	82.69 ± 0.15b	−1.08 ± 0.05c	3.44 ± 0.02b	82.72 ± 0.07b
	T3	82.38 ± 0.21b	−0.75 ± 0.01a	3.35 ± 0.03c	82.53 ± 0.08b
烟薯 29 号	CK	85.45 ± 0.15a	−0.92 ± 0.03c	3.51 ± 0.03b	85.48 ± 0.07a
	T1	82.71 ± 0.31c	−0.94 ± 0.04c	3.63 ± 0.04a	82.71 ± 0.22c
	T2	84.48 ± 0.17b	−0.54 ± 0.02a	2.93 ± 0.05 d	84.57 ± 0.15b
	T3	84.72 ± 0.15b	−0.66 ± 0.03b	3.35 ± 0.04c	84.77 ± 0.15b

注：CK 为全生育期正常灌水；T1 为发根分枝期干旱；T2 为薯蔓并长期干旱；T3 为块根膨大期干旱。不同小写字母表示处理间差异显著（$P<0.05$）；Δ*E* 值表示总色度；*L* 值表示白/黑；*a* 值表示红/绿；*b* 值表示黄/蓝。

5.2.2　不同时期干旱胁迫对甘薯淀粉含量的影响

如图 5-1a 所示，不同时期干旱胁迫均导致商薯 19 号和烟薯 29 号的总淀粉含量下降。均在甘薯块根膨大期干旱（T3）时最低，与 CK 处理相比商薯 19 号和烟薯 29 号总淀粉含量分别下降 4.1%、3.2%；其次为 T1 处理，但二者之间差异不显著。由图 5-1a 可以看出，不同时期干旱胁迫降低甘薯块根中的总淀粉含量，但下降幅度较小，可能与干旱胁迫持续的时间较短有关。在块根膨大期，地上部光合产物被转运到块根中贮存，使块根膨大，此时干旱胁迫在一定程度上抑制了淀粉的合成和转运，对淀粉含量影响最大。由图 5-1a 可以看出，不同品种甘薯在不同时期干旱总淀粉含量的下降幅度有所区别，这和品种之间的差异有关。

由图 5-1b 所示，商薯 19 号和烟薯 29 号的直链淀粉含量在不同时期干旱胁迫下均降低，且均在 T3 处理降到最低，降幅大小依次为 T3＞T2＞T1。与 CK 处理相比，T3 处理下商薯 19 号和烟薯 29 号两个甘薯品种直链淀粉含量分别下降了 26.1% 和 28.3%；T2 处理两个品种分别降低 17.9% 和 15.8%；T1 处理两个品种分别降低 12.5% 和 6.8%。这表明干旱胁迫对甘薯直链淀粉含量的影响较大。

由图 5-1c 可看出，支链淀粉含量在不同时期干旱胁迫下表现为有所提升。T3 处理支链淀粉含量增加最大，商薯 19 号和烟薯 29 号与 CK 处理相比分别增加了 3.1% 和 4.8%，表明干旱胁迫在一定程度上对甘薯支链淀粉的合成具有促进作用，变化的程度可能和干旱胁迫持续的时间和严重程度相关。

由图 5-1d 表明，在不同时期干旱胁迫降低了商薯 19 号和烟薯 29 号直链淀粉和支链淀粉的比值，降幅大小依次为 T3＞T2＞T1。降幅最大的为 T3，商薯 19 号和烟薯 29 号与 CK 处理相比分别降低了 30.0% 和 32.2%。不同品种甘薯的直链淀粉和支链淀粉含量在不同时期干旱胁迫下的变化趋势不同，品种之间具有一定的差异。

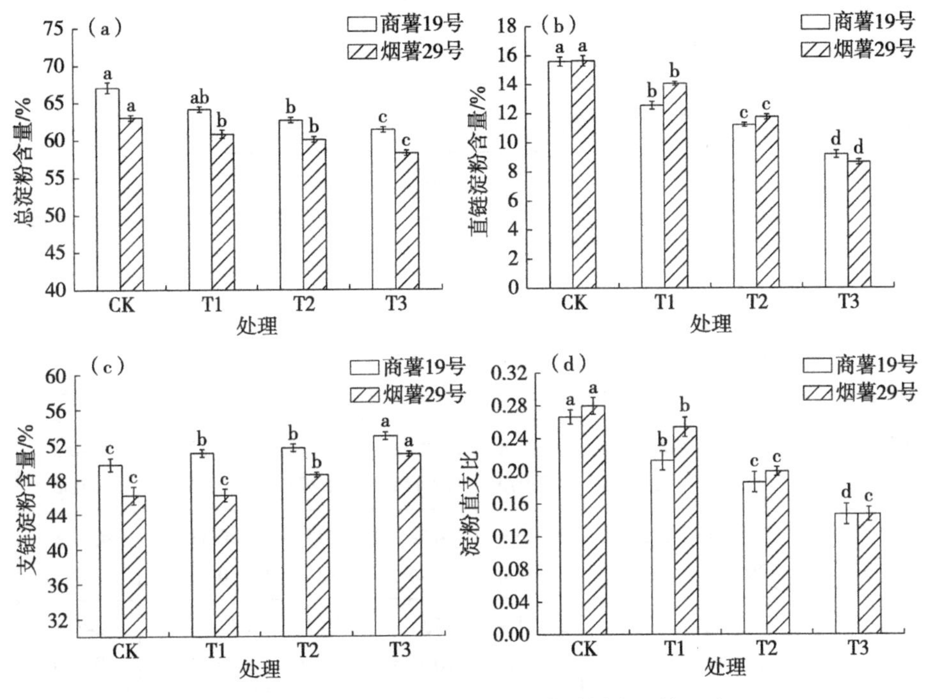

图 5-1 不同时期干旱胁迫对甘薯淀粉含量的影响

注：CK 为全生育期正常灌水；T1 为发根分枝期干旱；T2 为薯蔓并长期干旱；T3 为块根膨大期干旱。不同小写字母表示处理间差异显著（$P<0.05$）。

5.2.3 不同时期干旱胁迫对甘薯淀粉糊化特性的影响

表 5-3 反映了不同时期干旱胁迫对甘薯淀粉糊化特性的影响。由表 5-3 可知，不同时期干旱胁迫显著影响淀粉糊化特性。T2 处理使商薯 19 号和烟

薯 29 号的峰值黏度、谷值黏度、崩解黏度、最终黏度、回生黏度值均有所升高（除烟薯 29 号的崩解黏度外）。其中，T2 处理商薯 19 号甘薯淀粉各黏度值达到了最大值，与 CK 处理相比分别增加了 6.2%、6.0%、6.3%、6.7%、10.9%，且差异显著；T3 处理则使烟薯 29 号淀粉各黏度值达到最大，与 CK 处理相比分别增加 2.9%、5.3%、1.3%、4.7%、3.5%，且差异达到显著。而 T3 处理则造成商薯 19 号除回生黏度外的各黏度值显著降低，与 CK 处理相比分别降低 4.6%、7.2%、2.7%、5.4%、0.9%；T1 处理则对两个甘薯品种的淀粉各黏度值影响较小。由表 5-3 可知，不同时期干旱胁迫会使淀粉糊化温度降低，干旱胁迫得越晚，降低越大，干旱胁迫对峰值时间的影响无明显规律，淀粉糊化特性与淀粉的品质密切相关，影响其加工产品的质量。

表 5-3　不同时期干旱胁迫对甘薯淀粉糊化特性的影响

品种	处理	峰值黏度	谷值黏度	崩解黏度	最终黏度	回生黏度	糊化温度/℃	峰值时间/min
商薯19号	CK	5 550 ± 18.66b	2 432 ± 25.02b	3 118 ± 43.48b	3 637 ± 21.37b	1 175 ± 25.73c	82.55 ± 0.06a	4.67 ± 0.04b
	T1	5 541 ± 17.10b	2 402 ± 16.67b	3 139 ± 21.40b	3 641 ± 11.17b	1 239 ± 27.83b	81.88 ± 0.07b	4.56 ± 0.06bc
	T2	5 893 ± 9.50a	2 579 ± 14.62a	3 313 ± 23.97a	3 882 ± 12.41a	1 303 ± 14.27a	80.27 ± 0.14c	4.46 ± 0.03c
	T3	5 292 ± 29.73c	2 257 ± 13.22c	3 035 ± 19.00c	3 442 ± 23.69c	1 185 ± 12.03c	80.33 ± 0.12c	4.72 ± 0.07a
烟薯29号	CK	5 778 ± 3.71b	2 307 ± 11.53c	3 471 ± 2.73b	3 521 ± 10.17b	1 214 ± 9.21c	80.65 ± 0.43a	4.49 ± 0.02b
	T1	5 705 ± 25.69b	2 416 ± 1.20b	3 289 ± 12.71c	3 656 ± 28.18a	1 240 ± 13.43ab	80.02 ± 0.12b	4.67 ± 0.04a
	T2	5 890 ± 13.86a	2 428 ± 2.81a	3 462 ± 10.40b	3 661 ± 8.66a	1 232 ± 7.29b	80.25 ± 0.04b	4.65 ± 0.02a
	T3	5 945 ± 19.04a	2 429 ± 1.82a	3 516 ± 14.58a	3 686 ± 16.20a	1 257 ± 25.83a	79.07 ± 0.17c	4.71 ± 0.02a

注：CK 为全生育期正常灌水；T1 为发根分枝期干旱；T2 为薯蔓并长期干旱；T3 为块根膨大期干旱。同品种同列不同小写字母表示处理间差异显著（$P<0.05$）。

5.2.4 不同时期干旱胁迫对甘薯淀粉理化特性的影响

由表 5-4 可知，T3 处理两个甘薯品种的老化值和膨胀势均最小，干旱胁迫降低了淀粉的老化值和膨胀势，且干旱胁迫发生的时间越晚影响越大，膨胀势和老化值表现一致。相对于 CK 处理，T3 处理商薯 19 号和烟薯 29 号老化值分别降低了 20.9% 和 8.7%。T1 与 T2 处理下其变化幅度没有 T3 处理的大，与后期块根膨大期干旱胁迫改变了淀粉的积累和直支比有关。烟薯 29 号 T1、T2 处理的老化值变化幅度不大但与 CK 处理差异显著，品种之间的表现有一定的差异。由表 5-4 可知，干旱胁迫增加甘薯淀粉的溶解度，溶解度随着干旱胁迫发生时间的推迟而增加，表现为 T3＞T2＞T1。

表 5-4 不同时期干旱胁迫对甘薯淀粉理化特性的影响

品种	处理	老化值/%	膨胀势/（g·g^{-1}）	溶解度/%
商薯 19 号	CK	0.43 ± 0.008a	13.38 ± 0.11b	6.23 ± 0.34 d
	T1	0.39 ± 0.005b	13.73 ± 0.09a	8.85 ± 0.14b
	T2	0.38 ± 0.007b	13.18 ± 0.03bc	8.28 ± 0.08c
	T3	0.34 ± 0.005c	13.08 ± 0.14c	10.00 ± 0.12a
烟薯 29 号	CK	0.23 ± 0.003a	13.80 ± 0.12b	11.64 ± 0.23c
	T1	0.22 ± 0.006b	14.12 ± 0.05a	11.86 ± 0.21c
	T2	0.21 ± 0.002c	13.85 ± 0.03b	12.88 ± 0.13b
	T3	0.21 ± 0.002c	13.36 ± 0.10c	13.96 ± 0.19a

注：CK 为全生育期正常灌水；T1 为发根分枝期干旱；T2 为薯蔓并长期干旱；T3 为块根膨大期干旱。不同小写字母表示处理间差异显著（$P<0.05$）。

5.2.5 甘薯淀粉含量与糊化特性、淀粉理化特性相关性分析

由表 5-5 可知，甘薯淀粉中的直链淀粉含量与峰值黏度、谷值黏度、崩解黏度、最终黏度、回生黏度、峰值时间呈负相关，与峰值黏度和回生黏度达到了显著负相关，与糊化温度呈正相关。支链淀粉含量与淀粉各糊化参数的相关性则和直链淀粉含量相反。总淀粉含量与淀粉各糊化参数的相关性与直链淀粉含量趋势相同，但与谷值黏度、最终黏度、回生黏度、峰

值时间呈显著相关。因此，直链淀粉和支链淀粉含量与淀粉的理化及糊化特性相关较大，在一定程度上决定淀粉糊化特性的变化。

表 5-5　淀粉含量与糊化特性相关性分析

指标	直链淀粉含量	支链淀粉含量	总淀粉含量	淀粉直支比	峰值黏度	谷值黏度	崩解黏度	最终黏度	回生黏度	糊化温度	峰值时间
直链淀粉含量	1										
支链淀粉含量	-0.98**	1									
总淀粉含量	0.97**	-0.91*	1								
淀粉直支比	0.99**	-0.98**	0.96**	1							
峰值黏度	-0.85*	0.92*	-0.73	-0.88*	1						
谷值黏度	-0.74	0.61	-0.86*	-0.74	0.41	1					
崩解黏度	-0.48	0.63	-0.28	-0.52	0.84	-0.15	1				
最终黏度	-0.80	0.67	-0.91*	-0.78	0.44	0.99**	-0.11	1			
回生黏度	-0.86*	0.78	-0.93*	-0.83	0.48	0.82	0.04	0.89*	1		
糊化温度	0.64	-0.64	0.61	0.59	-0.38	-0.26	-0.25	-0.39	-0.76	1	
峰值时间	-0.79	0.67	-0.91*	-0.77	0.40	0.97**	-0.13	0.99**	0.93*	-0.49	1

注：*$P<0.05$；**$P<0.01$。

由表 5-6 可知，淀粉的老化值、膨胀势与直链淀粉含量、总淀粉含量、淀粉直支比呈显著正相关，与支链淀粉含量呈负相关。溶解度与直链淀粉含量、总淀粉含量呈显著负相关，与淀粉直支比呈极显著负相关，与支链淀粉呈极显著正相关。表明直链淀粉含量和支链淀粉含量显著影响了淀粉的老化值和溶解度。

表 5-6 淀粉含量与理化特性相关性分析

指标	老化值	膨胀势	溶解度	直链淀粉含量	支链淀粉含量	总淀粉含量	淀粉直支比
老化值	1						
膨胀势	0.412	1					
溶解度	−0.856*	−0.818	1				
直链淀粉含量	0.892*	0.748	−0.991*	1			
支链淀粉含量	−0.826	−0.849	0.998**	−0.982**	1		
总淀粉含量	0.929*	0.592	−0.936*	0.975**	−0.917*	1	
淀粉直支比	0.903*	0.751	−0.993**	0.997**	−0.986**	0.966*	1

注：$^{*}P<0.05$；$^{**}P<0.01$。

5.3 讨论

干旱胁迫降低了甘薯淀粉色度，发根期干旱胁迫对甘薯淀粉的色度降低最大，中、后期的影响较小，处理之间差异不明显，但与对照处理相比差异显著。淀粉色泽度的降低主要是因为淀粉中黄色素等物质含量的增加，影响淀粉的纯度。前期发根分枝期干旱胁迫对甘薯的影响会持续整个生育期，即使恢复供水影响也不会消除，因此推测导致早期干旱胁迫淀粉色差值降低的原因为甘薯一直处于干旱胁迫影响的状态，导致甘薯次生代谢物质（如黄酮类、多酚类等）的增加，进而降低了淀粉的色度（侯夫云等，2022）。在干旱胁迫下甘薯淀粉色度的降低也可能和可溶性糖含量增加引起花色苷变化有一定关系。

甘薯在不同时期干旱胁迫下淀粉总含量、直链淀粉含量、淀粉直支比均不同程度地下降，与前人在其他作物上的研究结果相似（张瑞栋等，2021）。但干旱胁迫下支链淀粉含量出现了上升趋势，主要原因为干旱胁迫提升了支链淀粉合成酶的活性进而增加了支链淀粉的含量（陈娟等，2020）。干旱胁迫下淀粉合成酶活性均受到不同程度的抑制，合成直链淀粉酶活性下降幅度比较大，而合成支链淀粉酶活性下降幅度相对较小（霍丹丹等，2017）。淀粉合成酶活性的降低是导致淀粉含量下降的主要原因，但淀粉的合成受多因素如品种、干旱条件及时间的影响，因此需要进行综合分析。本研究中，块根膨大期干旱胁迫对淀粉的影响大于发根期，块根膨大期为淀粉合成转运的高峰期，此时干旱胁迫对淀粉的影响最大，而发根期主要为形态建成，主要为营养生长，因此对甘薯淀粉含量的影响较小。综上，在甘薯生育期中进行一定的水分生理调控可在一定程度上改变淀粉的品质。

不同时期干旱胁迫在一定程度上均可增加甘薯淀粉的峰值黏度、谷值黏度、最终黏度、崩解黏度、回生黏度，但会降低其糊化温度，且薯蔓并长期和块根膨大期干旱胁迫对糊化特性的影响大于发根分枝期影响，主要是因为前期为甘薯地下部纤维根发育和块根分化时期，光合作用形成的碳水化合物在根部积累少。前期淀粉含量研究结果也显示，发根期干旱胁迫对甘薯淀粉含量的影响较小，因此其糊化特性受干旱胁迫的影响较小。干旱胁迫对甘薯淀粉糊化特性的影响还存在着显著的基因型差异，这和品种应对干旱逆境做出的反应有关，不同甘薯品种对干旱胁迫的响应机理有待进一步研究，但一定时期的干旱胁迫增加了支链淀粉的含量进而提升了淀粉的黏度参数。

随着干旱胁迫的推迟，甘薯的直链淀粉含量呈现下降趋势，支链淀粉含量呈现上升趋势。糊化特性的测定结果也表明，随干旱胁迫时间的推迟，峰值黏度、谷值黏度、崩解黏度、最终黏度、回生黏度呈现上升趋势，与相关性分析结果相符合。相关性分析结果显示，支链淀粉含量与糊化温度呈极显著正相关。相关研究也表明，直链淀粉含量越高糊化温度越高，支链淀粉含量越高糊化温度越低（康雪蒙等，2023）。本研究中块根膨大期干旱胁迫的直链淀粉含量最低、支链淀粉含量最高，糊化温度也呈下降趋势，与相关性分析结果相吻合，表明支链淀粉含量影响糊化温度。淀粉含量除了影响淀粉糊化特性，也影响着淀粉的理化特性。研究表明，直链淀粉含量和老化值呈显著正相关，其含量越高淀粉的老化程度越高、速率越快，且溶解度与淀粉直支比呈负相关（罗玉等，2021）。本研究相关性分析结果也表现出相同规律，且不同时期干旱胁迫下老化值均表现一致，说明直链淀粉和支链淀粉含量是决定老化值的主要因素。

5.4 结论

不同时期干旱胁迫不同程度地影响了甘薯的淀粉品质，主要通过影响甘薯块根淀粉含量和淀粉直支比来影响淀粉的糊化特性和理化特性。干旱胁迫在一定程度上提高了支链淀粉含量，且发生的时间越晚影响越大，但降低了直链淀粉和总淀粉含量，影响幅度最大的为块根膨大期的干旱胁迫。不同品种表现不同，商薯 19 号的直链淀粉含量降低幅度及支链淀粉含量提升幅度大于烟薯 29 号。

干旱胁迫提升了淀粉的峰值黏度、谷值黏度、崩解黏度、最终黏度、回生黏度，但降低了糊化温度，且干旱胁迫发生得越晚影响越大。相关分析表明，直链淀粉含量与糊化温度、老化值、膨胀势呈正相关，与崩解黏度、最终黏度、回生黏度、峰值时间呈负相关，与溶解度呈极显著负相关。支链淀粉含量与淀粉各糊化参数的相关性与直链淀粉相反，干旱胁迫提升了支链淀粉含量，在一定程度上增加了淀粉的黏度。

6

干旱胁迫和施氮对甘薯生理特性和产量的影响

氮素对作物正常生长和在干旱条件下调控作物生长起着重要作用，适时、适量施氮可以达到提高作物产量的目的。通过提高作物抗逆性和水分、养分资源利用效率来增加粮食产量、节约资源和改善环境，已成为我国农业可持续高效发展的必然趋势。当前在提高甘薯产量方面已有较多探索，但不同干旱、氮肥施加对甘薯产量影响的研究鲜有报道。本研究在不同干旱胁迫和施氮量的条件下，对甘薯全生育期生长动态、生理特性进行研究，为不同程度水分胁迫下的氮肥管理提供科学理论依据。

6.1 材料与方法

6.1.1 供试材料与试验设计

本试验在青岛农业大学日光温室内进行。选用北方鲜食型甘薯品种烟薯25号。

试验设置干旱胁迫和施氮量2个因素，每个因素各设3个水平。其中，施氮量分别为低氮（N_1，60 kg·hm^{-2}）、中氮（N_2，120 kg·hm^{-2}）、高氮（N_3，180 kg·hm^{-2}）；3个干旱胁迫水平分别为对照（W_1，正常水分水平，相对含水量70%±5%）、轻度干旱胁迫（W_2，相对含水量55%±5%）、中度干旱胁迫（W_3，相对含水量40%±5%）。每个处理3次重复，随机区组排列。同时，每个处理施加重过磷酸钙（P_2O_5 46%）60 kg·hm^{-2}和硫酸钾（K_2O 51%）180 kg·hm^{-2}作为底肥，氮肥使用尿素（N 46%），所有肥料全部一次性基施。试验中的各处理水分控制采用智能控水装置，采用测墒补灌的方法，根据土壤水分传感器对土壤水分的监测结果，装置智能调控出水流量，使其保证各处理的土壤水分含量在所设定的范围内。试验于2021年5月10日栽种，10月15日收获，全生育期155 d。

6.1.2 测定项目与方法

（1）土壤基本理化性质。有机质用重铬酸钾容量法—外加热法测定，碱解氮用氢氧化钠扩散法测定，pH 用酸度计（土：水体积比 1：2.5）测定，有效磷用 0.5 mol·L^{-1} 碳酸氢钠浸提—钼锑抗比色法测定，速效钾用 1 mol·L^{-1} 乙酸铵浸提—火焰光度法测定。

（2）干物质量及鲜薯产量。地上部、地下部干物质量：于移栽后第 50 天、第 80 天、第 105 天、第 130 天、第 155 天，每个处理随机取样 6 株，地上部茎叶和地下部根系经过切碎混合均匀后，在鼓风干燥箱内 105 ℃杀青 30 min 后，于 75 ℃下烘至恒重，称取干重，计算干物质量。收获时取各处理具有代表性、生长状况一致的植株 15 株，对单株结薯数、单块薯重以及鲜薯重进行记录。每小区薯块称取总质量测产，获得小区产量平均值，并以此计算鲜薯产量。

（3）光合参数。在移栽后第 45 天 9:00—11:00，使用 CIRAS-3 便携式光合测定仪（汉莎科技集团有限公司，美国），选择甘薯主茎顶端的第 4～5 片完全展开叶，进行净光合速率（Pn）、蒸腾速率（Tr）、气孔导度（Gs）和胞间 CO_2 浓度（Ci）指标的测定。每个处理测定 15 株，取其平均值。

（4）叶绿素荧光参数。在移栽后第 45 天 9:00—11:00，使用 MPEA-1 便携式多功能植物效率仪进行荧光参数测定，首先，选取甘薯主茎顶端的第 4～5 片完全展开叶，用叶片夹夹住叶片进行 20 min 的暗适应处理，然后连接仪器进行测定，可直接测得叶片单位受光面积的 F_v/F_m、PI（ABS）。

6.2 结果与分析

6.2.1 不同干旱胁迫和施氮量对甘薯干物质积累动态的影响

在不同干旱胁迫、施氮量下，随着甘薯生育期的推移各处理地上部干物质积累量呈现先增大后减小的变化趋势，且均在第 105 天时达到最大值。在 W_1 处理下，地上部干物质积累量随着甘薯生育期的推移以及施氮量的增加而逐渐增加。在 W_2 与 W_3 处理下，在 105 d 以前地上部干物质积累量在同一生长天数下变化趋于稳定，且无显著差异（$P>0.05$）；在 105 d 以后地上部干物质积累量随着生育期的推移、干旱程度以及施氮量的增加，呈现线性减小的变化趋势且差异显著（$P<0.05$）。在收获期，轻度干旱适量施氮下的地上部干物质积累量最大，在中度干旱以及高氮不利于甘薯地上部干物质的积累（图 6-1）。

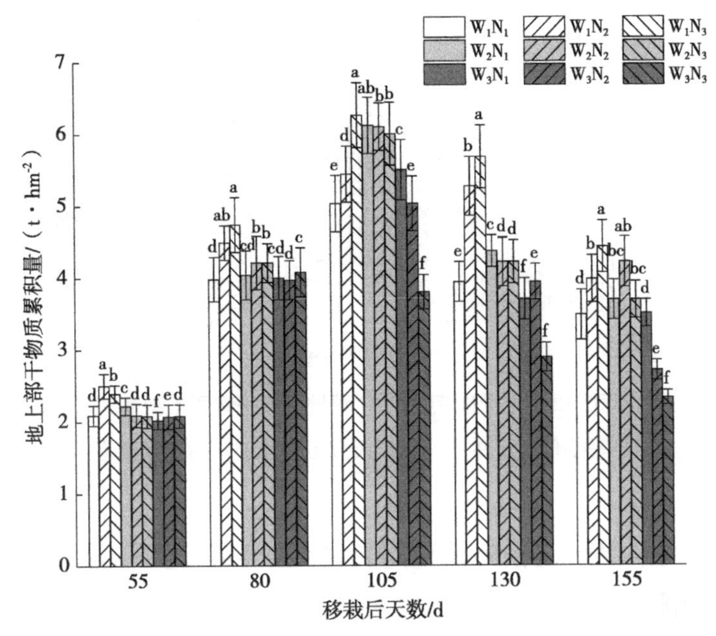

图 6-1 不同水分胁迫和施氮量对甘薯地上部干物质积累动态的影响

注：不同小写字母表示在同一生长天数不同处理间的差异显著（$P<0.05$）。

随甘薯生长期的推移，地下部干物质积累量呈线性增加的趋势，从第 80 天到第 105 天积累速率最大。第 105 天以后在 W_1 水平下，地下部干物质量与施氮量成正比；在 W_2 水平下，随着施氮量的增加地下部干物质量呈先增加后减小的变化趋势；在 W_3 水平下，随着施氮量的增加地下部干物质量呈逐渐减小的变化趋势。随着生育期的推移，在 W_3 条件下，高氮水平对干物质累积量的影响越来越大。说明正常的水分供应以及适量施加氮素有利于地下部干物质的积累，在中度干旱水平下过量的施氮反而会减小地下部干物质的积累（图 6-2）。三因素分析表明，干旱胁迫程度、施氮量及生育期均对甘薯地上部、地下部干物质累积量产生极显著影响（$P<0.01$），且三者交互效应影响显著（$P<0.05$）。

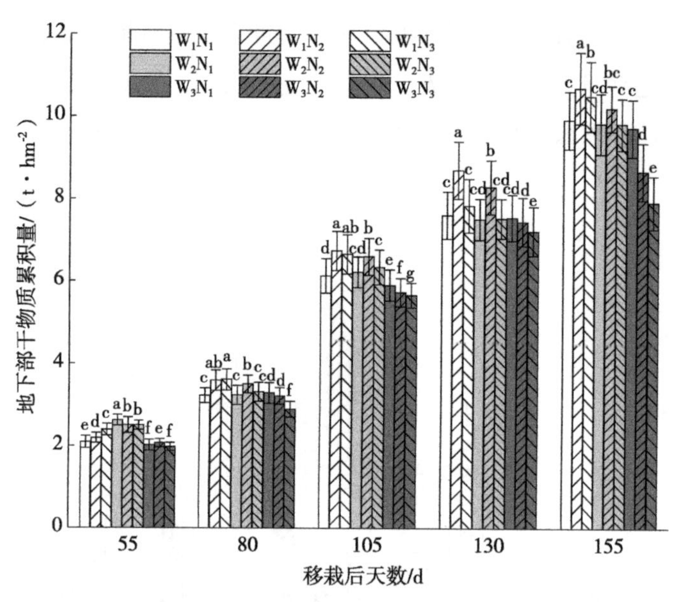

图 6-2 不同干旱胁迫和施氮量对甘薯地下部干物质累积量动态的影响

注：柱上不同小写字母表示在同一生长天数不同处理间的差异显著（$P<0.05$）。

6.2.2 不同干旱胁迫和施氮量对甘薯地上部、地下部氮累积动态的影响

从栽植到第 155 天，甘薯地上部氮素累积量随着生育期的推移呈现先增加后减少的变化趋势，并且在第 105 天时达到峰值。在 W_2 水平下，N_2 水平在各个生育时期甘薯地上部氮累积量显著高于 N_1 和 N_3 水平；在 W_3 水平下，105 d 以前随施氮量增加呈现逐渐增加的趋势，105 d 以后则是呈逐渐减小的趋势，在 N_3 水平下氮累积量达到最小（表 6-1）。

在 W_1、W_2 水平下甘薯地下部氮累积量，在 N_1、N_3 水平下均表现为随着生育期的推移表现出先增加后减小再增加的变化规律，在第 130 天出现下降点；在 N_2 水平下则呈一直增加的趋势。在 W_3 水平下，随着生育期的推移呈线性增加的趋势（表 6-1）。不同干旱胁迫、施氮量、生育期的变化均对甘薯地上部、地下部的氮累积量存在极显著影响（$P<0.01$），三者交互效应有显著影响（$P<0.05$）（表 6-1）。

表 6-1 不同干旱胁迫和施氮量对甘薯氮累积量的影响 单位：$kg \cdot hm^{-2}$

部位	处理		采样时间				
			第 55 天	第 80 天	第 105 天	第 130 天	第 155 天
地上部	W_1	N_1	65.31 ± 0.41e	129.17 ± 1.04b	202.69 ± 2.44c	110.00 ± 6.18d	98.71 ± 9.61c
		N_2	81.78 ± 6.65c	171.67 ± 9.51ab	215.29 ± 4.31b	156.94 ± 9.35c	130.90 ± 1.46ab
		N_3	86.92 ± 4.30b	186.71 ± 13.36a	251.67 ± 7.01a	194.41 ± 5.21a	141.80 ± 12.15a
	W_2	N_1	67.92 ± 0.21e	120.73 ± 1.03d	178.69 ± 10.58d	107.50 ± 5.04d	83.82 ± 5.94d
		N_2	90.31 ± 8.32a	128.17 ± 8.26b	239.75 ± 19.36ab	183.22 ± 17.36b	113.70 ± 1.01b
		N_3	81.69 ± 3.77c	171.67 ± 1.13ab	225.29 ± 10.58b	181.94 ± 10.47b	100.90 ± 3.97b
	W_3	N_1	51.92 ± 1.65f	111.72 ± 3.01e	156.68 ± 6.22e	100.41 ± 0.91e	76.86 ± 7.34e
		N_2	77.92 ± 1.27d	100.72 ± 2.60e	149.75 ± 5.54f	95.23 ± 7.19f	73.30 ± 4.71e
		N_3	75.55 ± 3.69de	132.31 ± 4.88c	135.72 ± 7.07g	89.33 ± 5.16g	68.48 ± 5.19f
地下部	W_1	N_1	16.60 ± 1.05d	84.19 ± 3.76d	122.09 ± 2.44d	103.92 ± 8.31d	141.06 ± 4.22d
		N_2	19.77 ± 1.43a	114.60 ± 1.78a	147.52 ± 5.24a	148.95 ± 12.94a	182.97 ± 11.35a
		N_3	17.29 ± 0.77c	95.55 ± 6.73c	132.09 ± 9.63c	125.09 ± 11.71b	153.87 ± 5.47c
	W_2	N_1	17.19 ± 0.32c	74.19 ± 5.20d	118.74 ± 9.82d	105.36 ± 1.87c	140.75 ± 4.32d
		N_2	18.60 ± 0.30b	106.8 ± 1.86ab	141.52 ± 8.49ab	135.67 ± 11.77ab	161.30 ± 10.35b
		N_3	16.40 ± 1.04d	49.96 ± 1.60e	92.52 ± 8.27e	99.64 ± 3.63d	102.98 ± 3.68e
	W_3	N_1	15.14 ± 1.34e	48.40 ± 1.45e	85.12 ± 4.03f	95.09 ± 1.16f	139.88 ± 0.35f
		N_2	14.98 ± 0.64f	47.40 ± 3.72e	79.22 ± 5.62f	94.36 ± 1.60f	130.76 ± 0.49f
		N_3	12.45 ± 0.82g	45.56 ± 0.38f	64.22 ± 0.56g	70.67 ± 2.07g	71.31 ± 3.50g

注：数据格式为平均值 ± 标准差，同列不同小写字母表示处理间差异显著（$P<0.05$）。

6.2.3 不同干旱胁迫和施氮量对甘薯光合及叶绿素荧光参数的影响

在甘薯发根分枝结薯期（45 d）对甘薯 Pn、Gs、Tr、Ci 进行测量，结果见图 6-3。在同一干旱胁迫不同施氮量处理下 Pn、Gs、Tr 差异显著（$P<0.05$），并且在同一施氮量不同程度干旱胁迫处理之间也存在显著差异（$P<0.05$）。Pn、Gs、Tr 存在相同的变化规律，均表现出在 W_1、W_2 水平下的中氮水平最高，在 W_3 水平下表现为 $N_1>N_1>N_3$。Ci 在 3 个不同程度干旱胁迫下的变化规律相同，均随着施氮量的增加表现出先减小后增大的规律，W_1 与 W_3 水平之间无显著差异（$P>0.05$），但是 W_1、W_3 水平与 W_2 水平差异显著（$P<0.05$），在 N_2 水平下达到最小值。Pn、Gs、Tr 在 W_3N_2 处理下均降低（图 6-3）。说明适量施氮对甘薯主要生理过程具有一定御旱作用。

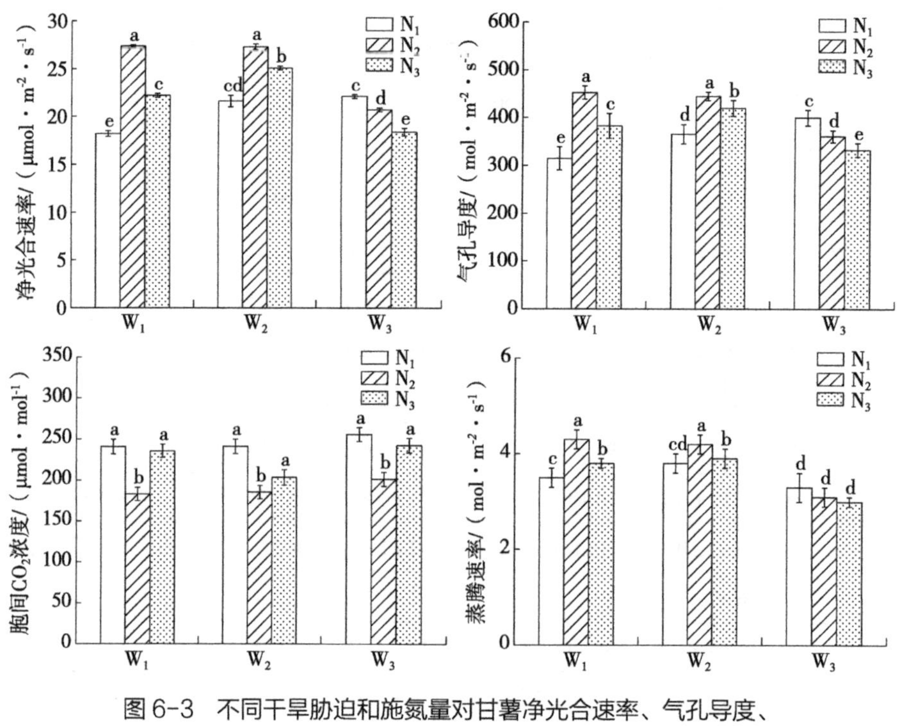

图 6-3　不同干旱胁迫和施氮量对甘薯净光合速率、气孔导度、胞间 CO_2 浓度、蒸腾速率的影响

注：不同小写字母表示处理间差异显著（$P<0.05$）；N_1，低氮；N_2，中氮；N_3，高氮。

F_v/F_m 代表叶片 PS Ⅱ 的最大光化学效率，反映 PS Ⅱ 反应中心内原初光能的转换效率。PI（ABS）作为叶片光化学性能指数，可以准确地反映植物的光合机构状态和胁迫对光合机构的影响。由表 6-2 可以看出，在同一干旱程度不同施氮量下甘薯叶片 F_v/F_m 和 PI（ABS）具有显著差异（$P<0.05$），并且具有相同的变化规律。随着施氮量的增加，在 W_1 水平下呈线性增加趋势且差异显著（$P<0.05$）；在 W_2 水平下呈现先增加后减少的变化趋势且差异显著（$P<0.05$）；在 W_3 水平下呈线性下降趋势且差异显著（$P<0.05$）。

在同一施氮量下随着干旱程度的加剧，F_v/F_m 和 PI（ABS）均表现出先增加后减小的变化。F_v/F_m 和 PI（ABS）均在 W_2N_2 处理下达到最高值（表 6-2）。表明重度干旱胁迫施氮显著降低了 PS Ⅱ活性，且这种趋势随着施氮量的增加表现得更为突出。

表 6-2 不同干旱胁迫和施氮量对甘薯 F_v/F_m、PI（ABS）的影响

处理		F_v/F_m	PI（ABS）
N_1	W_1	0.72 ± 0.04c	5.40 ± 0.27c
	W_2	0.83 ± 0.07b	9.97 ± 0.63b
	W_3	0.81 ± 0.04a	8.80 ± 0.71a
N_2	W_1	0.79 ± 0.03b	7.95 ± 0.57b
	W_2	0.85 ± 0.04a	11.4 ± 0.46a
	W_3	0.74 ± 0.02b	6.58 ± 0.13b
N_3	W_1	0.81 ± 0.05a	10.30 ± 0.71a
	W_2	0.81 ± 0.02c	8.12 ± 0.41c
	W_3	0.68 ± 0.03c	5.16 ± 0.47c

注：数据格式为平均值 ± 标准差，同列不同小写字母表示处理间差异显著（$P<0.05$）。

6.2.4 不同干旱胁迫和施氮量对甘薯产量及产量构成要素的影响

不同干旱胁迫和施氮量下甘薯产量及构成要素具有显著差异（$P<0.05$）。在 W_1、W_2 水平下，甘薯单株结薯数、单块薯重以及鲜薯产量，均随着施氮量的增加呈现出先增加后减小的变化趋势。但在同一施氮量下，随着干旱程度的增加其表现出逐渐减小的变化趋势。在 W_3 水平下，随着施氮量的增加，甘薯结薯数表现出先减小后增大的变化趋势，甘薯单块薯重则是呈现先增加后减小的变化趋势，且 N_3 水平显著低于 N_1 水平；鲜薯产量则是呈线性减小的变化趋势，且各施氮量水平间差异显著（$P<0.05$）。在 W_1N_2 处理下的甘薯产量及其构成要素最高，在 W_3N_3 处理下最低。双因素分析表明，干旱胁迫和施氮量显著影响鲜薯产量（$P<0.01$），且干旱胁迫和施氮量交互效应显著（$P<0.05$）（表 6-3）。

表 6-3 不同干旱胁迫和施氮量对甘薯产量及其构成要素的影响

处理		单株结薯数	单块薯重/g	鲜薯产量/（t·hm^{-2}）
W_1	N_1	4.65 ± 0.14c	165.64 ± 3.91c	38.51 ± 14.54c
	N_2	5.08 ± 0.24a	176.62 ± 5.59a	44.86 ± 6.38a
	N_3	4.69 ± 0.04b	176.67 ± 8.63a	41.42 ± 6.23b
W_2	N_1	4.59 ± 0.14c	152.88 ± 6.3d	34.70 ± 9.99d
	N_2	4.71 ± 0.05b	169.88 ± 3.13b	400 ± 11.56b
	N_3	4.21 ± 0.15d	153.17 ± 2.71d	32.24 ± 11.27d
W_3	N_1	3.73 ± 0.09e	134.52 ± 4.21e	25.09 ± 7.21e
	N_2	3.23 ± 0.31f	143.68 ± 9.47f	23.20 ± 4.28f
	N_3	3.37 ± 0.18f	113.05 ± 9.32g	19.05 ± 6.74g
双因素分析				
干旱胁迫（W）		**	***	***
施氮量（N）		*	**	**
W × N		*	**	**

注：数据格式为平均值 ± 标准差，同列不同小写字母表示处理间差异显著（$P<0.05$）；*$P<0.05$；**$P<0.01$；***$P<0.001$。

6.3 讨论

水分和养分对作物的影响并不是独立的，而是一对联因互补、互相作用的因子。在本研究中，正常水分、轻度干旱下，氮肥施加使干物质累积量和氮累积量均有明显提高，且在一定范围内随着施氮量的增加呈增加趋势，这与 Margarita 等（1998）的研究结果相似。在中度干旱、过量施氮下甘薯干物质累积量和氮累积量，随着施氮量的增加呈现线性减小的变化趋势，这可能是因为在缺水干旱的条件下，水少氮多不利于植株对氮素的吸收以及利用。Hartemink 等（2000）研究表明，过量施氮会减少干物质向地下部的运转量，降低干物质收获指数。本研究结果表明，在适度干旱下，施加氮肥可以促进植株对氮素的吸收、运转以及利用，但是中度干旱下过量施氮反而降低了氮的效率。氮素的促进作用随干旱胁迫的加重而逐渐降低，当土壤严重缺水时甚至表现为负作用，说明氮肥并不能完全补偿干旱所带来的损失。作物对养分的吸收、转运和利用依赖于土壤水分，因此土壤水分状况在很大程度上决定着肥料的有效性（李世娟等，2001）。同时，施肥可以提高旱地土壤水分的有效性，使作物在此条件下能吸收利用更多的土壤水分，从而改善作物的生理功能（关军锋和李广敏，2002）。王绍华等（2004）研究发现，水分与氮素存在着明显交互效应，随着干旱程度的增强，植物对氮的吸收减弱，氮素利用率降低。因此，在轻度干旱胁迫下，通过适量施氮可以提高甘薯御旱性，以保证甘薯获得较高的产量，中度干旱时，应减少氮肥施入，保证相对产量。

干旱胁迫可使植物叶片对光的利用能力减弱，使 Pn 降低（Du et al., 2010）。在一定范围内，作物的 Pn 随着施氮量的增加而增加，从而促进光合产物的形成（杨荣和苏永中，2011），当氮供应不足时甘薯茎叶生长缓慢，光合效能低（Mitsuru，1995）。本研究结果表明，在轻度干旱中度施氮下，甘薯叶片的 F_v/F_m、PI（ABS）最高；中度干旱过量施氮显著降低了甘薯叶片荧光特性。张岁岐等（1996）研究也表明，在严重干旱处理下，高氮会使得植物光合速率大幅降低，甚至抑制光合。这与本试验结果一致，这可能是因为在气孔导度和蒸腾速率下降的同时，叶肉细胞仍维持了较高的光合活性，导致胁迫加重，进而影响甘薯的产量。本研究结果表明，在同一施氮量下，随着干旱程度的增加，甘薯块根产量明显下降，而在适量的水分和施氮量下产量最高。这表明只有在较充足的水分和适量的氮肥供应下甘薯才能获得较高的产量；中度干旱下施过多的氮反而会加重胁迫。这与权宝全等（2019）的研究结果相似，在他们的研究中，在适宜的灌溉量下，氮肥能起到明显的增产效果，而过量的氮肥可能造成减产。当水分含量减小时，应适当减少施氮量，不然会导致减产。这可能是因为氮营养促进了地上部的生长，致使蒸腾对水分需求增加，此时土壤水分不足就有可能造成甘薯在生育期后期遭受更加严重的干旱胁迫，从而减少产量。因此，根据土壤水分条件，提前适当施肥有利于提高作物御旱性，保证作物正常生长及产量的提高。

6.4 结论

各生育时期甘薯块根干物质量、氮素累积量、单株结薯数、产量均随着灌溉量的减少而显著降低；随着施氮量的增加先增加后减少（W_3 水平下则随着施氮量的增加显著下降）。在轻度水分胁迫下，N_2 水平的净光合速率、气孔导度、蒸腾速率及氮素利用效率指标均显著高于其他 2 个施氮水平，表明适量施氮对甘薯主要生理过程和产量形成具有补偿效应。

在中度水分胁迫下，甘薯各生理及产量指标则随着施氮量的增加显著下降，表明氮增强了作物对干旱的敏感性，过量施氮反而会加重甘薯干旱胁迫，导致严重减产。对于氮肥的施加应该遵循少量多次的原则，避免过量施氮加重干旱胁迫，造成减产。

7

干旱胁迫的生理诊断

诊断作物受旱程度的指标可分为土壤指标、气象指标和植物指标，因为土壤类型和土层结构的复杂多样、气象的变化多端均会给胁迫诊断带来极大的障碍，所以植物本身生理特性成为胁迫诊断的重要方法。干旱影响了植物的光合、呼吸、转运、离子吸收、养分代谢等一系列生理生化过程，并且干旱胁迫对植物各种生理指标的影响常随干旱严重程度和持续时间而变化。因此，利用生理指标的变化诊断植物受干旱胁迫的程度具有重要意义。

前人曾采用气孔计测定气孔传导力以及用红外测温仪测定叶片温度等方法来诊断作物受干旱程度，但其他环境因子会影响测定的准确性。因此，针对甘薯中期干旱胁迫的快速准确诊断指标的确定仍有待于进一步研究。本章选用长蔓鲜食型品种烟薯 25 号和中长蔓淀粉型品种商薯 19 号作为研究对象，采用砂培法进行盆栽试验，于生长中期通过浇灌不同浓度的聚乙二醇（PEG-6000）模拟正常水分供应及轻度、中度和重度干旱胁迫，找出不同程度干旱胁迫与植物生理指标的内在关系，实现甘薯生长中期基于生理响应的干旱诊断研究，为指导甘薯生产的旱后灌溉提供理论依据。

7.1 材料与方法

7.1.1 供试材料与试验设计

试验选用粒径 2～3 mm 的石英砂，盐酸浸泡 2 d 后用蒸馏水清洗 3 次，加入少量珍珠岩混合均匀，装入塑料桶（直径 35 cm，高 30 cm）进行砂培试验。供试甘薯品种为长蔓鲜食型烟薯 25 号和中长蔓淀粉型商薯 19 号，选取长势相同的甘薯幼苗，每盆定植 1 株。试验于 2019 年 5 月 10 日在青岛农业大学胶州现代农业高科技示范园日光温室进行，各处理均以 Hoagland 营养液定期浇灌，统一水分管理。于薯苗移栽后第 70 天进行干旱处理，设 4 个水分梯度：正常，Hoagland 营养液；轻度干旱，5% PEG 的 Hoagland 营养液（水势 Ψ=−0.50 MPa）；中度干旱，10% PEG 的 Hoagland 营养液（Ψ=−1.48 MPa）；重度干旱，15% PEG 的 Hoagland 营养液（Ψ=−2.95 MPa）。

以下用PEG处理浓度来表示各处理，每个处理4次重复，完全随机排列。分别于干旱胁迫后第24小时、第48小时、第72小时取样，测定生理指标后收获，测定生物量。

7.1.2 测定项目与方法

（1）**甘薯叶片含水量。**剪取甘薯叶片用分析天平称取鲜重。将叶片浸入水中，6 h后取出，用吸水纸吸干表面水分称重，重复操作，直到两次称重的结果相等，最后的结果即为饱和鲜重。将叶片装入纸袋中，烘箱100～105℃杀青10 min，而后70～80℃烘干至恒重，取出称取干重。含水量计算公式为：

$$叶片含水量（\%）=（鲜重-干重）/鲜重 \times 100 \tag{7-1}$$

$$叶片相对含水量（\%）=（鲜重-干重）/（饱和鲜重-干重）\times 100 \tag{7-2}$$

（2）**甘薯叶片细胞膜透性。**甘薯叶片细胞膜透性用相对电导率表示，将叶片置于烧杯中，加入20 mL去离子水，室温下静置2 h，用DDS-307 A数字电导率仪测定电导率，再将其进行沸水浴，10 min后取出，测定电导率。

$$\eta=\frac{\sigma}{\sigma_0} \tag{7-3}$$

式中，η为相对电导率；σ表示物质的电导率；σ_0表示标准物质的电导率。

（3）**甘薯叶片MDA含量及POD和过氧化氢酶（CAT）活性。**MDA含量采用总胆汁酸（TBA）法试剂盒测定；POD和CAT活性均采用紫外分光比色法测定。测定所用试剂盒均购于南京建成生物工程研究所。

（4）**光合参数与叶绿素荧光参数。**选取甘薯第4片功能叶，采用汉莎科技集团有限公司生产的CIRAS-3便携式光合测定仪，于9:00—11:00直接测定Pn、Gs、Ci、Tr与水分利用率（WUE）。采用由汉莎科技集团有限公司生产的M-PEA便携式连续激发式荧光仪，暗适应20 min后测定叶绿素荧光参数及荧光动力学曲线（O-J-I-P曲线）。

7.2 结果与分析

7.2.1 不同干旱胁迫对甘薯地上部生物量的影响

由表7-1可知，随PEG处理浓度的升高，干旱胁迫程度加重，两种甘薯的地上部鲜重有逐渐降低的趋势。其中，烟薯25号在重旱胁迫下鲜重较正常处理下降了18.2%，而商薯19号鲜重下降了58.0%，说明同一干旱水平下，商薯19号的鲜重下降程度较烟薯25号高。

表7-1 不同干旱胁迫对甘薯地上部生物量的影响

PEG处理浓度/%	烟薯25号		商薯19号	
	鲜重/(g·株$^{-1}$)	干重/(g·株$^{-1}$)	鲜重/(g·株$^{-1}$)	干重/(g·株$^{-1}$)
0	167.6 ± 5.3a	19.5 ± 1.6ab	144.2 ± 3.1a	11.8 ± 1.2a
5	148.4 ± 4.2b	21.2 ± 1.9a	98.8 ± 6.9b	10.8 ± 0.8a
10	144.3 ± 6.6bc	19.8 ± 1.3ab	77.9 ± 4.0c	12.6 ± 1.2a
15	137.1 ± 2.7c	17.8 ± 1.0b	60.6 ± 7.6 d	10.1 ± 1.7a

注：不同小写字母表示不同处理间差异显著（$P<0.05$）。

7.2.2 不同干旱胁迫对甘薯叶片含水量和叶绿素SPAD值的影响

由表7-2可以看出，随着PEG浓度升高，甘薯叶片的含水量不断降低。其中，重度胁迫24 h后烟薯25号和商薯19号的含水量分别比正常处理降低了5.0%和7.6%。重度胁迫72 h的商薯19号含水量比重度胁迫24 h降低了9.7%。说明干旱胁迫程度越高、胁迫时间越长，对甘薯叶片含水量的影响越严重。另外，干旱胁迫对烟薯25号叶片含水量的影响较低，而对商薯19号含水量的影响较高。

干旱胁迫程度越高、胁迫时间越长，甘薯叶片相对含水量下降幅度越大，而且比含水量变化更明显。其中，烟薯25号与商薯19号重度干旱24 h的相对含水量分别比正常处理下降了7.6%和37.1%，而重度胁迫72 h分别比正常处理下降了16.6%和41.3%。

表 7-2　不同干旱胁迫 24～72 h 对甘薯叶片含水量的影响

时间/h	PEG 处理浓度/%	烟薯 25 号		商薯 19 号	
		含水量/%	相对含水量/%	含水量/%	相对含水量/%
24	0	85.4 ± 1.3a	83.1 ± 5.1a	86.0 ± 2.7a	87.2 ± 3.2a
	5	84.6 ± 1.2ab	77.7 ± 4.7a	83.9 ± 2.5ab	73.5 ± 4.1b
	10	82.3 ± 1.4b	65.9 ± 4.3b	83.7 ± 1.8ab	72.9 ± 2.8b
	15	81.1 ± 0.8b	60.9 ± 2.8c	79.5 ± 2.8b	54.9 ± 6.7c
48	0	85.4 ± 2.1a	82.7 ± 5.3a	86.0 ± 1.1a	87.2 ± 2.5a
	5	83.6 ± 0.4a	71.9 ± 2.8b	83.1 ± 0.7b	69.4 ± 3.4b
	10	81.6 ± 1.3b	62.6 ± 2.4c	83.6 ± 1.0b	61.9 ± 1.7c
	15	80.3 ± 0.7b	57.6 ± 3.7c	78.0 ± 2.7c	50.2 ± 4.2d
72	0	85.3 ± 0.5a	82.3 ± 4.7a	86.0 ± 2.2a	87.2 ± 4.6a
	5	82.0 ± 0.7b	64.6 ± 3.3b	83.3 ± 1.7ab	70.8 ± 5.4b
	10	80.2 ± 0.3c	57.3 ± 2.6c	83.1 ± 0.5b	69.3 ± 2.2b
	15	79.6 ± 1.4c	55.2 ± 1.1c	71.8 ± 5.1c	36.0 ± 3.8c

注：不同小写字母表示相同时期同一甘薯品种不同 PEG 浓度处理间差异显著（$P<0.05$）。

由表 7-3 可以看出，适度干旱可以促进甘薯叶片叶绿素 SPAD 值的提高，但干旱程度过高或胁迫时间过长，都会导致 SPAD 值下降，且干旱胁迫对烟薯 25 号 SPAD 值的影响较商薯 19 号小。不同干旱程度对甘薯叶绿素 SPAD 值的影响差异不明显，随着 PEG 浓度的升高，甘薯 SPAD 值有先升高后降低的趋势。

表 7-3　不同干旱胁迫 24～72 h 对甘薯叶绿素 SPAD 的影响

品种	PEG 处理浓度/%	SPAD 值		
		24 h	48 h	72 h
烟薯 25 号	0	48.7 ± 1.3b	48.8 ± 0.6b	48.9 ± 1.9ab
	5	51.2 ± 0.9a	50.7 ± 0.9ab	50.9 ± 1.7a
	10	52.1 ± 1.6a	51.5 ± 0.8a	49.1 ± 1.8ab
	15	49.4 ± 0.7b	49.2 ± 1.0b	46.3 ± 1.6b
商薯 19 号	0	48.8 ± 1.1ab	50.3 ± 1.2a	50.4 ± 1.0a
	5	50.6 ± 0.9a	50.9 ± 0.8a	50.1 ± 1.0a
	10	47.7 ± 1.0b	47.4 ± 1.4b	46.6 ± 1.4b
	15	47.7 ± 0.6b	45.7 ± 1.0b	42.6 ± 1.8c

注：不同小写字母表示相同时期同一甘薯品种不同 PEG 浓度处理间差异显著（$P<0.05$）。

7.2.3 干旱胁迫对甘薯叶片细胞膜透性的影响

随着 PEG 浓度的升高和胁迫时间的增加，甘薯叶片的细胞膜透性持续增加。其中重度干旱下商薯 19 号的细胞膜透性在 24 h、48 h、72 h 分别比正常处理升高了 185.9%、276.4% 和 473.5%。说明干旱胁迫可以导致甘薯叶片细胞膜结构受损，且随着干旱程度的升高或胁迫时间的增加，叶片的膜结构受损均加重。另外，干旱胁迫对烟薯 25 号叶片细胞膜透性的影响较商薯 19 号小，说明烟薯 25 号叶片膜结构抵御干旱的能力更强（图 7-1）。

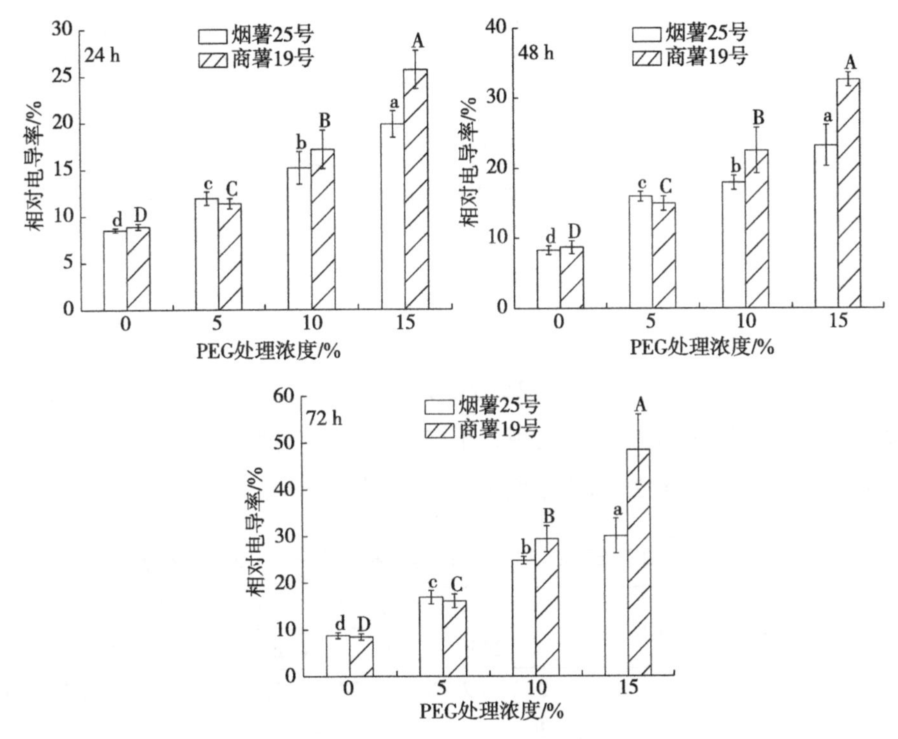

图 7-1 不同干旱胁迫 24～72 h 对甘薯叶片细胞膜透性的影响

注：小写字母表示烟薯 25 号各时期不同 PEG 浓度处理间差异显著（$P<0.05$），不同大写字母表示商薯 19 号各时期不同 PEG 浓度处理间差异显著（$P<0.05$）。

7.2.4 干旱胁迫对甘薯叶片 MDA 含量及 POD、CAT 活性的影响

随着 PEG 浓度的升高，甘薯叶片中 MDA 含量不断升高。其中，烟薯 25 号在 5%、10% 和 15%PEG 浓度胁迫 24 h 的 MDA 含量分别比正常处理升

高了 166.7%、221.2% 和 356.1%，可以看出重度干旱胁迫对甘薯叶片 MDA 含量影响最大。随着时间的增加，各处理 MDA 含量也不断升高（表 7-4）。

表 7-4　不同干旱胁迫 24～72 h 对甘薯叶片 MDA 含量的影响

品种	PEG 处理浓度/%	MDA 含量/（$nmol \cdot mg\ prot^{-1}$）		
		24 h	48 h	72 h
烟薯 25 号	0	0.86 ± 0.09c	0.89 ± 0.12d	0.85 ± 0.07c
	5	2.30 ± 0.18b	1.29 ± 0.17c	2.11 ± 0.18b
	10	2.78 ± 0.39b	2.55 ± 0.19b	2.26 ± 0.24b
	15	3.94 ± 0.46a	3.79 ± 0.48a	3.11 ± 0.26a
商薯 19 号	0	0.83 ± 0.08c	0.89 ± 0.08c	0.83 ± 0.13c
	5	2.13 ± 0.23b	2.24 ± 0.15b	1.19 ± 0.24b
	10	2.66 ± 0.16a	2.83 ± 0.36ab	1.44 ± 0.16b
	15	2.91 ± 0.35a	3.04 ± 0.26a	2.80 ± 0.36a

注：不同小写字母表示相同时期同一甘薯品种不同 PEG 浓度处理间差异显著（$P<0.05$）。

随着 PEG 浓度的升高，甘薯叶片 POD 活性不断升高。随着胁迫时间的增加，两种甘薯叶片 POD 活性均开始升高，48 h 之后，商薯 19 号各干旱处理 POD 活性开始下降，烟薯 25 号虽无明显下降，但升高趋势基本减缓。对比两种甘薯品种 POD 活性发现，干旱胁迫 24 h 时商薯 19 号略高于烟薯 25 号，但 72 h 后烟薯 25 号高于商薯 19 号（表 7-5）。

表 7-5　不同干旱胁迫 24～72 h 对甘薯叶片 POD 活性的影响

品种	PEG 处理浓度/%	POD 活性/（$U \cdot mg\ prot^{-1}$）		
		24 h	48 h	72 h
烟薯 25 号	0	23.78 ± 2.59c	24.02 ± 1.70c	25.86 ± 2.42b
	5	30.19 ± 3.16b	41.54 ± 2.19b	49.01 ± 3.26a
	10	36.17 ± 3.89b	48.77 ± 4.89ab	54.51 ± 3.44a
	15	43.95 ± 2.46a	52.16 ± 5.46a	51.36 ± 2.83a
商薯 19 号	0	27.46 ± 1.78c	26.78 ± 1.26c	22.38 ± 1.41c
	5	36.79 ± 2.34b	37.96 ± 3.34b	35.62 ± 2.36b
	10	44.19 ± 3.63a	45.68 ± 5.63ab	47.35 ± 3.46a
	15	49.26 ± 5.36a	56.67 ± 6.36a	40.99 ± 5.08a

注：不同小写字母表示相同时期同一甘薯品种不同 PEG 浓度处理间差异显著（$P<0.05$）。

随着 PEG 浓度的升高，甘薯叶片 CAT 活性不断升高。随着胁迫时间的增加，烟薯 25 号中度干旱和重度干旱处理 CAT 活性开始下降，至 72 h 下降为最低。而商薯 19 号各干旱处理 CAT 活性先升高后降低。对比两种甘薯品种 CAT 活性发现，干旱初期烟薯 25 号较高，但 72 h 后则商薯 19 号较高（表 7-6）。

表 7-6 不同干旱胁迫 24～72 h 对甘薯叶片 CAT 活性的影响

品种	PEG 处理浓度/%	CAT 活性/（$U \cdot mg\ prot^{-1}$）		
		24 h	48 h	72 h
烟薯 25 号	0	9.77 ± 0.39d	9.31 ± 0.70b	10.67 ± 0.42b
	5	13.87 ± 0.16c	12.67 ± 1.18a	13.02 ± 0.65a
	10	14.74 ± 0.49b	13.12 ± 0.88a	12.66 ± 1.69a
	15	16.11 ± 0.66a	14.11 ± 1.26a	13.42 ± 1.57a
商薯 19 号	0	10.21 ± 0.52d	10.10 ± 0.56c	10.38 ± 1.38b
	5	12.25 ± 0.34c	14.22 ± 0.64b	12.93 ± 1.47ab
	10	13.12 ± 0.33b	13.73 ± 1.03b	13.62 ± 1.19a
	15	14.55 ± 0.76a	16.12 ± 0.86a	14.95 ± 1.02a

注：不同小写字母表示相同时期同一甘薯品种不同 PEG 浓度处理间差异显著（$P<0.05$）。

7.2.5 干旱胁迫对甘薯叶片光合参数的影响

随着 PEG 浓度的升高，甘薯叶片 Pn 与 Gs 逐渐下降，Ci 不断升高，说明随着干旱程度的加重，甘薯的光合作用不断减弱。其中，重度干旱下降最多，烟薯 25 号在重度干旱条件下 Pn 与 Gs 分别较正常处理下降了 59.2% 和 84.2%，Ci 升高了 77.5%，而商薯 19 号光合指标的下降幅度高于烟薯 25 号（图 7-2）。

干旱条件下甘薯叶片 Gs 减小，气孔关闭也致使 Tr 不断降低。蒸腾拉力的减弱导致甘薯根系很难汲取到水分。本研究中，高度干旱条件严重影响了甘薯的水分利用效率（WUE）。其中，重度干旱下商薯 19 号的 WUE 较正常处理下降了 79.5%，烟薯 25 号的 WUE 仅下降了 38.2%，说明烟薯 25 号的抗旱性高于商薯 19 号。

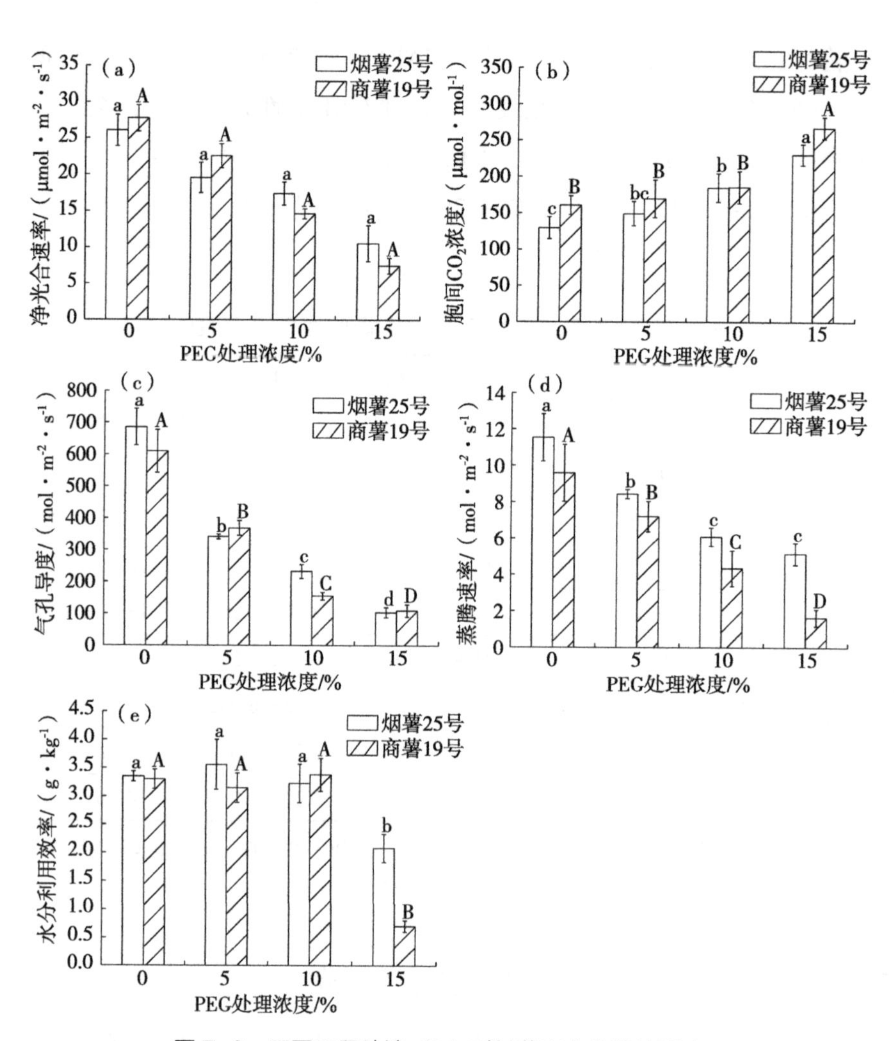

图 7-2　不同干旱胁迫 48 h 对甘薯光合参数的影响

注：小写字母表示烟薯 25 号各时期不同 PEG 浓度处理间差异显著（$P<0.05$），不同大写字母表示商薯 19 号各时期不同 PEG 浓度处理间差异显著（$P<0.05$）。

7.2.6　干旱胁迫对甘薯叶片叶绿素荧光生理特性的影响

由表 7-7 可知，随着 PEG 浓度的升高，甘薯的 F_v/F_m 不断降低，PI（ABS）不断下降。其中，重度干旱 72 h 的烟薯 25 号 F_v/F_m 与 PI（ABS）分别比正常处理下降了 16.9% 和 85.5%。另外，随着干旱程度的加重，F_0 及单位反应中心的吸收光能（ABS/RC）有增长趋势，单位叶面积吸收的光能（ABS/CSm）与各处理间电子传递能量占总吸收光能的比例（ETo/ABS）均

表 7-7　不同干旱胁迫 24～72 h 对甘薯叶片荧光参数的影响

品种	时间 /h	PEG 处理浓度 /%	F_0	F_v/F_m	PI（ABS）	ABS/RC	ABS/CSm	ETo/ABS
烟薯 25 号	24	0	3 855.5 ± 287.8a	0.84 ± 0.01a	17.39 ± 2.73a	0.99 ± 0.19a	23 064.0 ± 1 754.7a	0.64 ± 0.01a
		5	3 933.5 ± 309.0a	0.82 ± 0.01b	16.89 ± 3.45a	0.90 ± 0.07a	19 826.5 ± 823.8b	0.63 ± 0.03a
		10	3 958.5 ± 173.2a	0.81 ± 0.01bc	15.20 ± 2.53a	1.04 ± 0.10a	21 619.0 ± 29.7a	0.63 ± 0.05a
		15	3 990.5 ± 154.9a	0.79 ± 0.02c	12.50 ± 2.32b	1.08 ± 0.05a	20 940.5 ± 989.2ab	0.60 ± 0.06a
	48	0	4 884.5 ± 381.4b	0.83 ± 0.01a	15.42 ± 2.36a	1.25 ± 0.18b	23 581.0 ± 1 043.7a	0.53 ± 0.07a
		5	4 724.5 ± 285.7b	0.79 ± 0.01b	7.91 ± 1.86b	1.39 ± 0.07b	20 710.5 ± 358.9b	0.58 ± 0.05a
		10	5 776.0 ± 364.4a	0.75 ± 0.01c	4.82 ± 0.68c	1.37 ± 0.11b	22 658.5 ± 1 346.7ab	0.52 ± 0.04a
		15	5 549.5 ± 132.5a	0.71 ± 0.02d	4.19 ± 0.68c	1.81 ± 0.34a	20 522.5 ± 1 844.5b	0.52 ± 0.02a
	72	0	4 625.5 ± 157.8b	0.83 ± 0.01a	14.39 ± 2.63a	0.99 ± 0.04c	23 857.0 ± 954.2a	0.63 ± 0.02a
		5	4 863.0 ± 284.3b	0.79 ± 0.01b	5.14 ± 1.52b	1.39 ± 0.33b	22 640.5 ± 2 100.8a	0.46 ± 0.08b
		10	4 977.0 ± 347.9b	0.77 ± 0.01c	4.50 ± 0.67b	1.37 ± 0.21b	21 803.0 ± 1 084.7a	0.48 ± 0.09b
		15	5 828.5 ± 542.4a	0.69 ± 0.01d	2.08 ± 0.36c	1.98 ± 0.15a	18 966.5 ± 884.6b	0.42 ± 0.06b
商薯 19 号	24	0	3 754.5 ± 71.4b	0.83 ± 0.01a	15.40 ± 2.35a	0.90 ± 0.01b	22 662.0 ± 1 253.0b	0.61 ± 0.02a
		5	3 955.0 ± 247.7b	0.81 ± 0.01a	17.80 ± 1.75a	0.82 ± 0.02c	22 791.0 ± 1 583.7b	0.62 ± 0.02a
		10	4 468.2 ± 326.1a	0.79 ± 0.01b	12.60 ± 0.68b	1.05 ± 0.04a	26 208.0 ± 1 633.5a	0.61 ± 0.04a
		15	4 526.0 ± 36.8a	0.77 ± 0.01b	5.66 ± 2.38c	1.00 ± 0.06a	19 963.0 ± 393.2c	0.47 ± 0.05b
	48	0	3 628.5 ± 258.3b	0.82 ± 0.01a	14.30 ± 0.85a	0.95 ± 0.02c	22 577.0 ± 476.0a	0.64 ± 0.03a
		5	4 576.0 ± 482.2a	0.78 ± 0.01b	5.70 ± 1.04b	1.13 ± 0.11b	20 614.5 ± 1 538.0b	0.50 ± 0.01b
		10	5 076.5 ± 303.3a	0.75 ± 0.02c	3.78 ± 0.98bc	1.38 ± 0.05a	20 690.0 ± 461.0b	0.47 ± 0.03c
		15	5 307.0 ± 437.0a	0.70 ± 0.02d	2.49 ± 1.22c	1.25 ± 0.14ab	19 907.0 ± 1 587.3b	0.35 ± 0.02d
	72	0	3 799.5 ± 148.6b	0.82 ± 0.01a	14.10 ± 1.77a	0.93 ± 0.03c	22 336.0 ± 1 756.7a	0.63 ± 0.01a
		5	4 498.0 ± 520.3a	0.79 ± 0.01b	6.94 ± 1.23b	1.28 ± 0.09b	22 410.0 ± 1 533.3a	0.55 ± 0.02b
		10	4 918.0 ± 488.3a	0.77 ± 0.01b	5.53 ± 1.10b	1.25 ± 0.01b	21 119.0 ± 1 395.8a	0.52 ± 0.03b
		15	5 043.5 ± 197.3a	0.73 ± 0.02c	2.03 ± 0.56c	1.77 ± 0.17a	19 026.5 ± 733.3b	0.41 ± 0.03c

注：不同小写字母表示相同时期同一甘薯品种不同 PEG 浓度处理间差异显著（$P<0.05$）。

有下降趋势，但差异不明显，说明干旱程度越高，甘薯叶片的 PS Ⅱ损伤越严重。随着胁迫时间的增加，ABS/RC 明显升高，ETo/ABS 显著减小，甘薯的 F_v/F_m 与 PI（ABS）下降幅度加大。其中，重度干旱 24 h 至 72 h，烟薯 25 号的 F_v/F_m 由 0.79 下降为 0.69，PI（ABS）下降了 83.4%。说明干旱胁迫时间越长，甘薯叶片 PS Ⅱ受损越严重。

叶绿素荧光动力学曲线在一定程度上能反映干旱胁迫对叶片 PS Ⅱ功能的影响。从图 7-3 可以看出，干旱胁迫程度越高，PS Ⅱ反应中心受损越严重。不同程度干旱胁迫对两种甘薯的影响趋势基本相同。

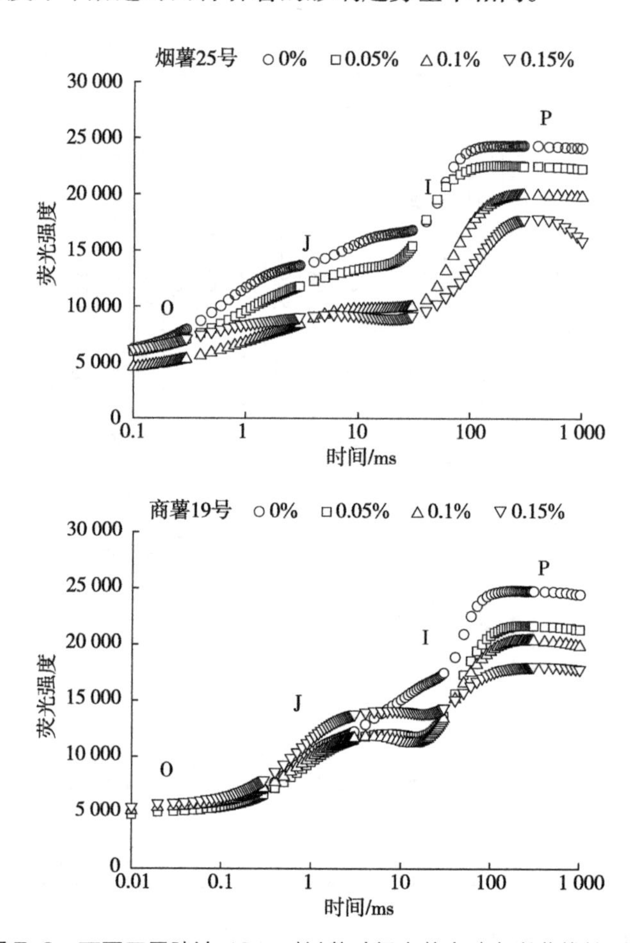

图 7-3 不同干旱胁迫 48 h 对甘薯叶绿素荧光动力学曲线的影响

7.2.7 甘薯生理指标与地上部生物量的回归分析及与不同浓度 PEG 水势相关性分析

分别以两个甘薯品种干旱胁迫 48 h 的相对含水量（X_1）、相对电导率（X_2）、MDA 含量（X_3）、SPAD 值（X_4）、净光合速率 P_n（X_5）、气孔导度 Gs（X_6）、F_v/F_m（X_7）、PI（ABS）（X_8）为自变量，甘薯地上部鲜重作为因变量（Y）进行逐步回归分析，分析得烟薯 25 号的回归方程为 $Y_1=-38.52+131.10X_1-0.82X_2-4.18X_3-0.80X_4+0.65X_5+0.06X_6+339.6X_7+0.39X_8$（$R_1=0.987$，$F_1=262.35$，$P_1=0.01$），商薯 19 号的回归方程为 $Y_2=738.85+532.65X_1-2.57X_2-10.26X_3-1.86X_4+1.95X_5+0.12X_6+1\,038.30X_7+7.27X_8$（$R_2=0.998$，$F_2=923.46$，$P_2=0.001$）。为进一步明确逐步回归分析的各项指标对干旱胁迫的响应程度，本研究进行了通径分析（表 7-8）。逐步回归与通径分析表明，叶片相对含水量和 F_v/F_m 是影响甘薯地上部生物量的关键指标，对干旱胁迫响应较为敏感。

表 7-8 干旱胁迫 48 h 甘薯生理指标对甘薯地上部鲜重作用的直接通径系数

品种	相对含水量	相对电导率	MDA 含量	SPAD 值	净光合速率	气孔导度	F_v/F_m	PI（ABS）
烟薯 25 号	1.27	−0.40	−0.43	−0.11	0.33	0.86	1.38	0.17
商薯 19 号	2.30	−0.74	−0.28	−0.10	0.48	0.75	1.52	0.38

根据 Michel 和 Kaufmann（1973）研究的公式计算，25℃条件下，5%、10% 和 15% 的 PEG-6000 溶液的水势（Ψ）分别为 −0.50 MPa、−1.48 MPa 和 −2.95 MPa，正常处理水势近似看作 0 MPa。选取两种甘薯的相对含水量、F_v/F_m、MDA 含量、P_n 分别与不同浓度 PEG 水势（Ψ）进行相关性分析。由表 7-9 可知，PEG 水势与两个甘薯品种干旱胁迫 48 h 的相对含水量、F_v/F_m、P_n 显著相关，并与烟薯 25 号的 MDA 含量呈显著负相关（$r=-0.98^{**}$）。说明叶片相对含水量、F_v/F_m 等生理指标均对干旱胁迫有明显响应，可以作为甘薯干旱诊断的重要生理指标。两个甘薯品种的各生理指标与不同浓度 PEG 水势（Ψ）的线性拟合方程见图 7-4。

表 7-9　不同浓度 PEG 水势（Ψ）与胁迫 48 h 甘薯生理指标的相关系数

品种	相对含水量	F_v/F_m	MDA 含量	净光合速率
烟薯 25 号	0.93*	0.98**	−0.98**	0.96**
商薯 19 号	0.91*	0.98**	−0.84	0.99**

注：** 和 * 分别表示在 0.01 和 0.05 水平上显著相关。

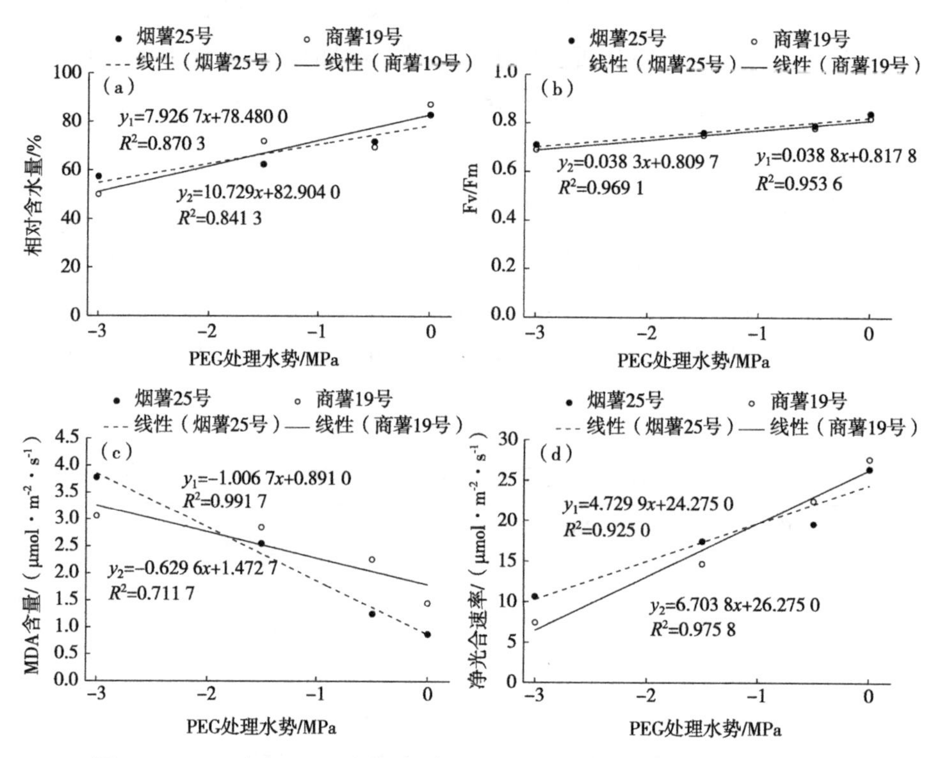

图 7-4　不同浓度 PEG 水势（Ψ）与胁迫 48 h 甘薯生理指标的拟合结果

注：y_1 和 y_2 分别表示烟薯 25 号和商薯 19 号的拟合方程。

7.3　讨论

水分是活细胞的必要组成和代谢活动的重要物质，抗旱性强的植物叶片结构更有利于减少水分损失，因此叶片的保水力直接体现了植物的抗旱能力（刘颖慧等，2006）。在小麦等研究中均表明叶片相对含水量与植物抗旱性呈正相关（李德全等，1990；冯慧芳等，2009）。本研究中，随着干旱程度的升高和胁迫时间的增加，甘薯叶片相对含水量持续下降。其中，重度干旱 24 h 的烟薯 25 号与商薯 19 号相对含水量分别比正常处理下降了 7.6% 和 37.1%。植物在受到干旱胁迫时组织电解质外渗量增加是胁迫导致细胞膜透性增加的结果，所以用相对电导率表示叶片的细胞膜透性可以反映植物叶片膜结构的损伤程度（Demidchik et al.，2014；解卫海等，2015）。有研究发现（史普想等，2016），干旱胁迫下花生幼苗叶片的细胞膜透性增加，膜系统受到破坏。与之相似，本试验条件下，随着干旱程度的升高和胁迫时间的增加，甘薯叶片的细胞膜透性不断增加。其中，重度干旱 24 h、48 h、72 h 下，商薯 19 号细胞膜透性分别比正常处理升高了 185.9%、276.4% 和 473.5%。其中，烟薯 25 号叶片保水能力较高，膜结构更完整，抗旱性较强。

正常情况下植物细胞内氧自由基的产生与清除处于一种动态平衡，一旦植物受到胁迫，平衡遭到破坏，会导致细胞氧自由基的活性增高（梁新华等，2006）。MDA 是一种高活性脂膜过氧化物，能通过影响膜蛋白从而影响活性氧代谢系统的平衡（袁琳等，2005）。而 POD 和 CAT 作为细胞保护酶，可在逆境胁迫时过度表达，清除活性氧，增强细胞防卫能力（何冰等，1997）。本研究中，随着干旱程度的加重，甘薯叶片 MDA 含量及 POD、CAT 活性均不断升高。随着胁迫时间的增加，烟薯 25 号各干旱胁迫处理的 MDA 含量和 CAT 活性逐渐下降，POD 活性缓慢升高；而商薯 19 号的 MDA 含量和 POD、CAT 活性均先升高后降低。

光合作用是作物生长和产量形成的重要代谢过程，是植物生长发育的物质和能量的主要来源（王军等，2017）。干旱胁迫会导致叶片气孔关闭以降低 Tr，但气孔闭合在减少水分散失的同时，也减少了 CO_2 的进入，从而使光合速率不断下降（安玉艳等，2012）。除气孔限制外，干旱条件下甘薯叶片的光合器官结构受到严重破坏，而此时叶片光合主要受叶绿体对光吸收能力和对 CO_2 固定能力的影响（龚秋等，2015）。张海燕等（2018）研究发现，甘薯薯蔓并长期处于干旱条件下，Pn 较正常处理下降了 18.7%。本研究中也得到了相同的结果，随着干旱程度的加重，甘薯的气孔导度与光合速率均不断降低，重度干旱下烟薯 25 号 Pn 与 Gs 较正常处理下降了 59.2% 和 84.2%，Ci 升高了 77.5%。

叶绿素荧光参数能从叶片 PS Ⅱ的光能转换和电子传递效率等方面反映干旱胁迫下甘薯叶片对光能的吸收与转换。其中，F_v/F_m 是最大光化学效率，能表征原初反应中心的光能利用率和转化率，PI（ABS）反映了 PS Ⅱ的整体性能（张善平等，2014）。有研究（谌端玉等，2016；孙景宽等，2009）认为，F_v/F_m 小于 0.8 说明植物受到胁迫，且 F_v/F_m 值随胁迫程度的加重不断减小。本研究与之相似，胁迫 24 h 的烟薯 25 号与商薯 19 号仅有重度干旱处理的 F_v/F_m 小于 0.8，而胁迫 48 h 后各干旱处理的 F_v/F_m 均小于 0.8，说明干旱程度越重，胁迫时间越长，F_v/F_m 下降越多。PI（ABS）也随干旱程度的升高不断下降，其中重旱 72 h 下烟薯 25 号的 PI（ABS）比正常处理下降了 85.5%。有研究认为，植物 F_0 的上升可能是因为植物热耗散保护机制失去作用，使其反应中心受到不可逆失活（蒲光兰等，2005）。植物 F_0 的增幅越小，说明干旱胁迫对其反应中心的破坏程度越小，植物抗旱性越强（綦伟等，2006）。本研究中，两种甘薯的 F_0 均随干旱胁迫程度的加重而升高，但商薯 19 号的 F_0 增幅明显高于烟薯 25 号，说明烟薯 25 号的抗旱性较强。

前人在进行作物的干旱诊断研究时，将叶绿素荧光指标作为一种常规的诊断技术。有学者通过叶绿素荧光和光谱扫描成像技术对黄瓜的早期干旱进行了诊断研究（Wang et al.，2015）。还有研究发现，非调节性能量耗散对干旱胁迫敏感且较为稳定（安东升等，2015），可作为甘蔗苗期抗旱性的快速诊断指标。本试验采用光合、荧光与生理特性指标相结合，通过多元分析选取叶片相对含水量、MDA 含量、F_v/F_m 和 Pn 作为甘薯的干旱诊断指标。

本研究发现，烟薯 25 号的 F_v/F_m 在胁迫 24 h 后均高于 0.79，此时甘薯还未对干旱产生明显响应。另外，商薯 19 号各干旱处理的 CAT、POD、CAT 活性会随干旱胁迫时间的增加先升高后降低，于 48 h 时达到峰值，所以干旱胁迫 48 h 甘薯的生理指标响应更为明显。本试验条件下，对于长蔓鲜食型甘薯烟薯 25 号，相对含水量低于 71.9% 说明甘薯受到干旱胁迫的影响；CAT 活性为 1.29～2.55 $nmol \cdot mg\ prot^{-1}$，或 F_v/F_m 为 0.75～0.79，或 Pn 为 17.4～19.6 $\mu mol \cdot m^{-2} \cdot s^{-1}$，说明甘薯受到轻中度干旱胁迫，需要尽快灌水缓解干旱；而 CAT 活性高于 3.79 $nmol \cdot mg\ prot^{-1}$，或 F_v/F_m 小于 0.71，或 Pn 小于 10.7 $\mu mol \cdot m^{-2} \cdot s^{-1}$，说明甘薯受到重度干旱，可能已造成不可逆的损伤。对于中长蔓淀粉型甘薯商薯 19 号来说，相对含水量处于 61.9%～69.4%，

或 F_v/F_m 为 0.75～0.78，或 Pn 为 14.6～22.5 μmol·m^{-2}·s^{-1}，说明甘薯受到轻中度干旱胁迫；而相对含水量小于 50.2%，或 F_v/F_m 小于 0.70，或 Pn 小于 7.5 μmol·m^{-2}·s^{-1}，说明甘薯受到重度干旱胁迫。

7.4 结论

在干旱胁迫 24～72 h 过程中，胁迫 48 h 后甘薯地上部的生理指标对干旱的响应更为明显。对干旱胁迫 48 h 的生理指标与不同浓度 PEG 水势进行相关性分析得出，叶片相对含水量、MDA 含量、F_v/F_m 和 Pn 均与不同程度干旱胁迫存在显著相关关系，其中烟薯 25 号相关系数分别为 0.93、0.98、−0.98、0.96。甘薯生理指标与地上部鲜重的逐步回归分析与通径分析表明，叶片相对含水量和 F_v/F_m 是影响甘薯地上部生物量的关键指标（R_1=0.987，R_2=0.998），其中商薯 19 号的直接作用系数分别为 2.30 和 1.52。综上所述，对干旱胁迫后甘薯关键生理指标的诊断可为指导甘薯旱后灌溉提供理论依据。

8

旱后复水施氮对甘薯干旱胁迫的缓解作用

甘薯在生长过程中对水分较敏感，养分与作物抗旱性有着密切的关系，氮作为甘薯生长的限制性因素关系甘薯的生长和产量形成，并对逆境条件下调控作物生长起着重要作用。因此，通过营养元素调控作物对水分胁迫的抗性，提高作物水分利用效率，有利于其在干旱和半干旱地区的扩大生产。然而，植物对干旱胁迫的适应性不仅表现在对干旱的忍耐力上，同时也表现在逆境解除后自身的恢复能力上。只有从逆境中更快、更好恢复的植物才能更好地在多变的环境中生存。

适时、适量施氮可以达到提高作物御旱性、抗旱性的目的。有关在干旱胁迫下何时施氮、施多少氮的研究报道较少，尤其是在逆境后的恢复机制涉及甚少。明确氮营养对缓解干旱胁迫的生理机制，为不同水分条件下的氮肥管理提供理论科学依据。

8.1 材料与方法

8.1.1 溶液培养试验

（1）试验材料。选用北方主栽鲜食型甘薯品种烟薯 25 号，于 2019 年 5 月 17 日在青岛农业大学胶州现代农业高科技示范园日光温室布置水培试验。

（2）试验处理。设置 4 个处理，分别为正常供水（CK）、干旱（D）、干旱复水（D+H_2O）、干旱后复水施氮（D+H_2O+N），挑选长短均一且长势一致的薯苗，每盆定植 1 株于塑料营养钵（长 30 cm、宽 21 cm、高 20 cm）中，营养液采用 Hoagland 营养液，每个处理 3 次重复。

（3）试验管理与取样。Hoagland 营养液每隔 2 d 更换 1 次，培养 14 d 之后，进行不同处理，以 10% 的 PEG-6000 模拟干旱胁迫，时间为 48 h，干旱胁迫后进行复水及施氮处理，每隔 2 d 换 1 次营养液，氮肥施用尿素，钾肥施用硫酸钾。从干旱前 1 d 开始，每天同一时间进行叶绿素荧光参数的动态测定，连续测定 10 d。收获时进行生物量的测定。

8.1.2 田间试验

试验选用北方主栽鲜食型甘薯品种烟薯25号，于2019年5月17日在莱阳市高格庄镇胡城村布置田间试验。试验田地势较为平坦，地形为丘陵，土壤类型为风沙土，布置试验前，采表层（0～20 cm）土壤风干磨碎后，对pH、有机质、碱解氮、有效磷、速效钾进行测定。土壤养分含量见表8-1。

表8-1 移栽前试验地土壤肥力状况

pH	有机质/($g \cdot kg^{-1}$)	碱解氮/($mg \cdot kg^{-1}$)	有效磷/($mg \cdot kg^{-1}$)	速效钾/($mg \cdot kg^{-1}$)
7.34	11.1	48.6	20.8	53.9

试验设置6个处理，分别为正常供水（N）、干旱（D）、前期干旱复水（E+H_2O）、前期干旱后复水施氮（E+N）、中期干旱复水（M+H_2O）、中期干旱后复水施氮（M+N）。施氮量为专家推荐施用量，即纯氮6 kg·亩$^{-1}$。试验采用起垄、垄上铺设滴灌带覆膜的栽培方式，以1/2复合肥（17-17-17）20 kg作为肥底，均匀撒施于试验小区后起垄铺设滴灌带覆膜，株距0.22 m、垄距0.75 m，小区面积67.5 m^2（2.25 m × 30 m），每个处理3次重复。以相对含水量40% ± 5%作为干旱胁迫，相对含水量70% ± 5%作为正常处理，移栽后第30天（发根分枝结薯期）进行前期干旱处理，移栽后第60天（薯蔓并长期）进行中期干旱处理，每次干旱处理持续10 d，采用测墒补灌的方法，保证各处理的相对含水量范围在各处理设定的水分含量范围之内。每试验小区垄上铺设滴灌带，旱后复水施氮时用施肥泵于移栽后第40天和第70天以滴灌形式施入。

8.1.3 测定项目与方法

（1）生物量测定。于移栽后第40天收获，记录地上部茎叶鲜重和地下部鲜重。地上部茎叶和块根切碎混合均匀后，于105 ℃杀青30 min，75 ℃下烘至恒重，测定其干物质重。

（2）叶绿素荧光参数测定。选取甘薯第4片功能叶，采用由汉莎科技集团有限公司生产的M-PEA便携式连续激发式荧光仪，于9:00—11:00，暗适应20 min后测定叶绿素荧光参数及荧光动力学曲线（O-J-I-P曲线）。

（3）MDA 含量及 POD 和脯氨酸（Pro）活性测定。用南京建成生物工程研究所提供特定试剂盒测定。

8.2 结果与分析

8.2.1 旱后复水施氮对甘薯地上部、地下部生物量的影响

干旱胁迫下甘薯地上部和地下部生物量显著低于正常供水（$P<0.05$）。与 D 处理相比，D+H_2O 和 D+H_2O+N 处理均可显著提高甘薯地上部、地下部生物量，促进甘薯的生长，地上部生物量分别增加了 174.48% 和 64.28%。与 D+H_2O 处理相比，D+H_2O+N 处理甘薯地上部、地下部生物量分别增加了 60.90%、22.26%，均差异显著（$P<0.05$），表明旱后复水施氮更有利于促进甘薯前期营养生长。与 CK 处理相比，D+H_2O+N 处理的地上部、地下部生物量虽有差异，但差异不显著（$P>0.05$），即甘薯营养生长与干物质积累已接近未受干旱胁迫的处理，表明旱后复水施氮对干旱胁迫具有显著的缓解效应，其缓解效应大于单独复水处理。干旱胁迫后，复水和施氮对甘薯生物量的降低能起到缓解作用，施氮缓解效果更佳（图 8-1）。

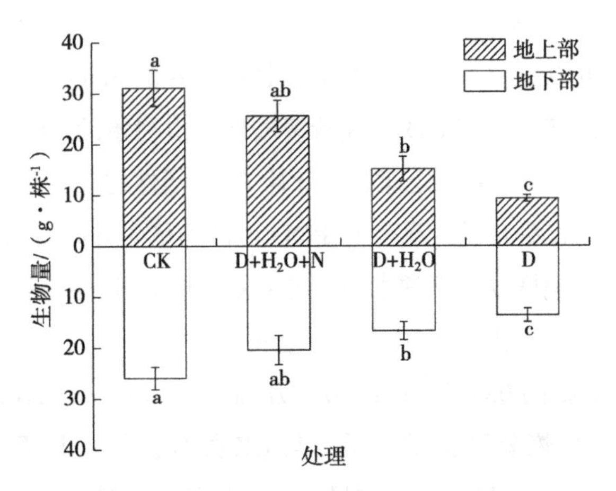

图 8-1 旱后复水施氮对甘薯前期地上部、地下部生物量的影响

注：不同字母表示处理间差异显著（$P<0.05$）。

8.2.2 旱后复水施氮对甘薯农艺学性状的影响

D处理甘薯各农艺学性状显著低于CK处理（$P<0.05$）。与D处理相比，D+H_2O+N和D+H_2O处理均能显著缓解甘薯各农艺学性状（$P<0.05$），其中，以D+H_2O+N处理缓解效果最好；与CK处理相比，D+H_2O+N处理的甘薯各农艺学性状虽有差异，但差异不显著（表8-2）。

表8-2 旱后复水施氮对甘薯农艺学性状的影响

处理	分枝数/个	主蔓长/cm	叶片数/个	叶面积/cm^2
D+H_2O+N	9.50 ± 1.69ab	90.75 ± 9.21ab	53.33 ± 4.82a	1 866.26 ± 68.45ab
D+H_2O	7.00 ± 0.69b	79.75 ± 6.98b	43.00 ± 4.41b	1 757.50 ± 58.55b
CK	10.00 ± 1.10a	110.00 ± 11.67a	50.25 ± 5.50ab	1 903.55 ± 75.66a
D	7.00 ± 0.66b	64.50 ± 7.10c	27.67 ± 2.58c	950.00 ± 53.64c

注：不同字母表示处理间差异显著（$P<0.05$）。

8.2.3 旱后复水施氮对甘薯抗氧化酶活性的影响

由图8-2a可以看出，在干旱胁迫下，随着天数的增加甘薯叶片中MDA含量逐渐升高，在第3天达到最高值，由初始的0.60 U·mg $prot^{-1}$升高到1.50 U·mg $prot^{-1}$，处理后MDA含量有所下降，D+H_2O+N处理叶片的MDA含量恢复到正常水平，与CK处理差异不显著；D+H_2O处理MDA虽也下降，但并未恢复到正常水平。

由图8-2b可以看出，干旱胁迫下，甘薯叶片的POD酶活性表现出升高趋势。D处理甘薯叶片中POD活性持续增加，由初始的9.86 U·mg $prot^{-1}$升高到16.00 U·mg $prot^{-1}$；CK处理甘薯叶片POD活性在正常范围内保持平稳；D+H_2O、D+H_2O+N处理的甘薯叶片POD活性均呈先升高后降低的趋势，其中，D+H_2O+N处理恢复到正常水平，与CK处理无显著差异。

由图8-2c可以看出，干旱使得甘薯叶片中Pro活性升高，在第3天达到最高值，由初始的0.60 U·mg $prot^{-1}$升高到1.50 U·mg $prot^{-1}$，D+H_2O+N处理叶片Pro活性恢复到正常水平，与CK处理差异不显著。以上结果表明，在甘薯生长前期，旱后复水和旱后复水施氮这两种措施均可显著减少干旱对叶片细胞膜的损害，减轻膜脂过氧化程度，就缓解程度而言，其缓解效

应为旱后复水施氮＞旱后复水。

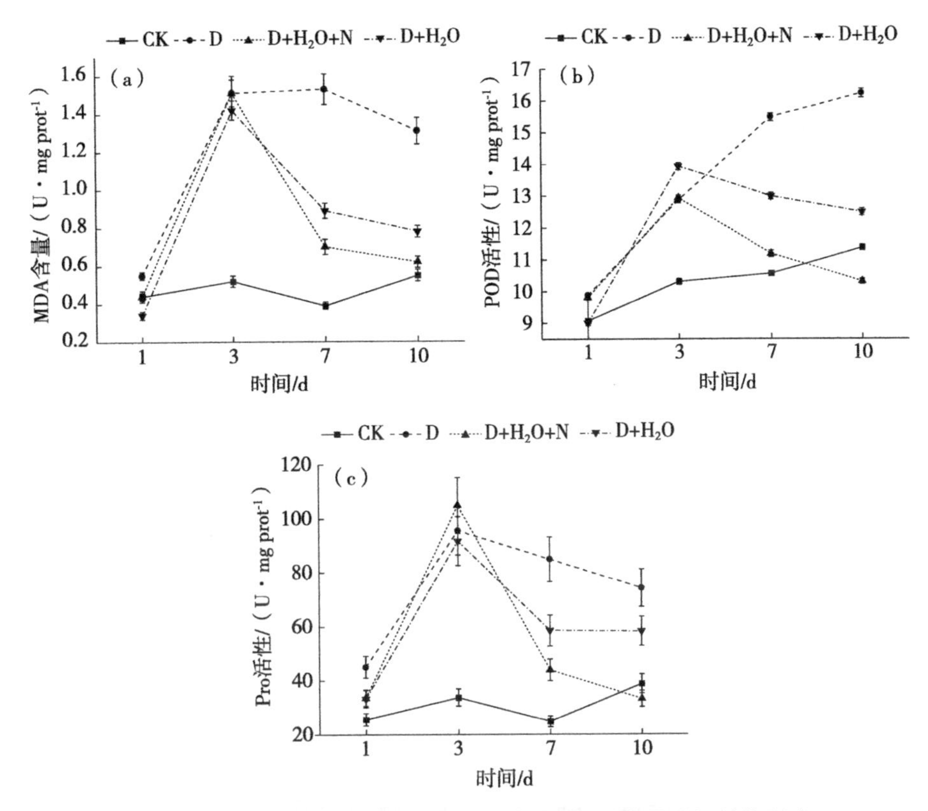

图 8-2　旱后复水施氮对甘薯发根分枝结薯期抗氧化酶活性的影响

8.2.4　旱后复水施氮对甘薯叶绿素荧光动态的影响

由图 8-3 可以看出，未干旱胁迫前各处理甘薯叶片的 F_v/F_m 均在 0.7 以上，分别为 0.72、0.71、0.71、0.76，无显著差异（P<0.05）。干旱胁迫后，各处理甘薯幼苗叶片暗适应下的 PS Ⅱ 的 F_v/F_m 和以吸收光能为基础的 PI（ABS）不同程度地降低，随着干旱时间的延长呈继续下降趋势，并显著小于 CK 处理。旱后复水施氮处理后，F_v/F_m 和 PI（ABS）均有不同程度的回升，且随着恢复时间的延长呈继续上升趋势，分别恢复到初始值的 97.65%（数值为 0.70）、98.98%（数值为 0.68），但是 D+H_2O 处理在 10 d 后仍显著小于 CK 处理（P<0.05），D+H_2O+N 处理在 10 d 后恢复到 CK 处理水平。

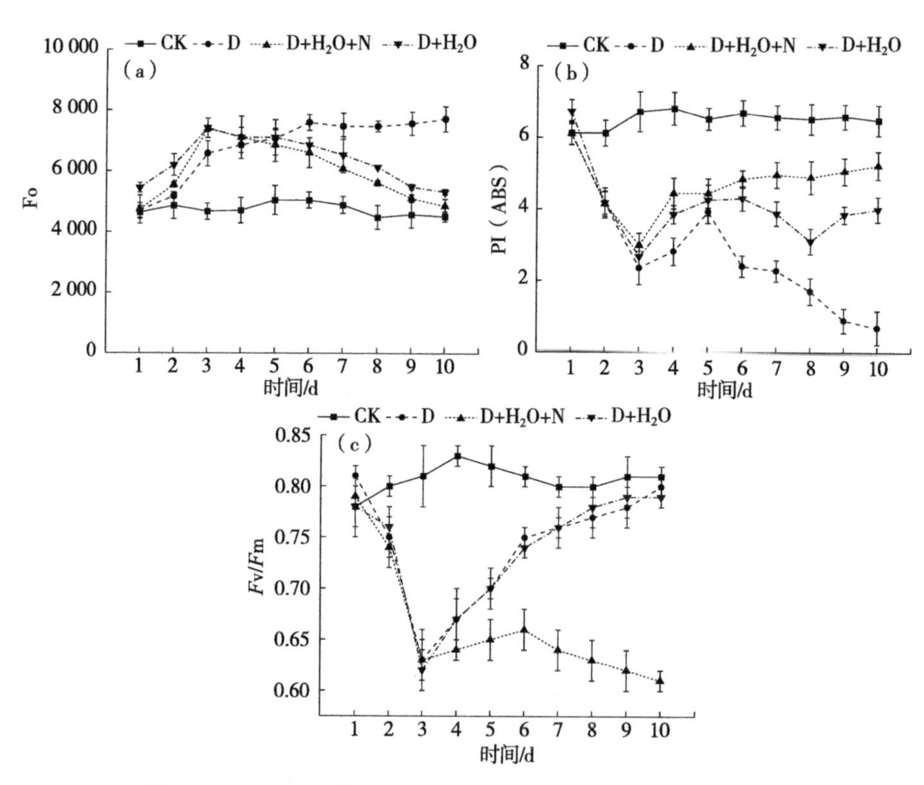

图 8-3　旱后复水施氮对甘薯叶绿素荧光指标动态变化的影响

8.2.5　不同时期旱后复水施氮对甘薯产量及其构成要素的影响

与干旱胁迫处理相比，其余各处理均可显著提高甘薯鲜薯产量（$P<0.05$）。前期旱后复水、前期旱后复水施氮、中期旱后复水、中期旱后复水施氮甘薯鲜薯产量较干旱胁迫分别增加了 23.88%、28.24%、13.20%、21.31%，缓解效果显著；与正常供水处理相比，产量分别减少 8.62%、4.93%、18.87%、10.93%，旱后仅供水尚不能缓解干旱造成的减产效应，而旱后复水施氮效果更好（表 8-3）。不同时期旱后复水施氮相比，以前期旱后及时复水施氮为宜。因此，当甘薯遭遇干旱后，及时地复水施氮是保证甘薯产量的有效途径。

与旱后供水相比，旱后复水施氮处理单株结薯个数增多，且差异显著（$P<0.05$），可见，施氮可以促进甘薯根系分化膨大，对增加单株结薯数有显著的效应；单块薯重方面，前期旱后复水和旱后复水施氮有助于单块薯重的增加，且差异显著（$P<0.05$）。由此可见，当甘薯遇到干旱胁迫后，应及时地浇水并施氮，可减少干旱胁迫所造成的损失。

表 8-3 不同时期旱后复水施氮对甘薯产量及其构成要素的影响

处理	结薯数/(个·株$^{-1}$)	单块薯重/(g·个$^{-1}$)	产量/(t·hm^{-2})	减产率/%
D	2.87d	280.16c	17.88e	34.56
N	3.60b	303.28b	24.06a	—
E+H_2O	2.62d	300.70b	22.15c	8.62
E+N	4.19a	339.68a	22.93ab	4.93
M+H_2O	3.33c	261.49d	20.24d	18.87
M+N	4.31a	247.30e	21.69b	10.93

注：不同字母表示处理间差异显著（$P<0.05$）。

8.2.6 不同时期旱后复水施氮对甘薯干物质量动态的影响

各处理下甘薯地上部干物质积累量呈现先增加后减少趋势，其中在第 105 天达到最大值，随后下降。与干旱胁迫处理相比，不同时期旱后复水或施氮均可提高各生育时期甘薯地上部干物质积累量，且差异显著（$P<0.05$）；与正常供水处理相比，前期旱后复水施氮地上部干物质积累量无显著差异（$P>0.05$）（图 8-4）。

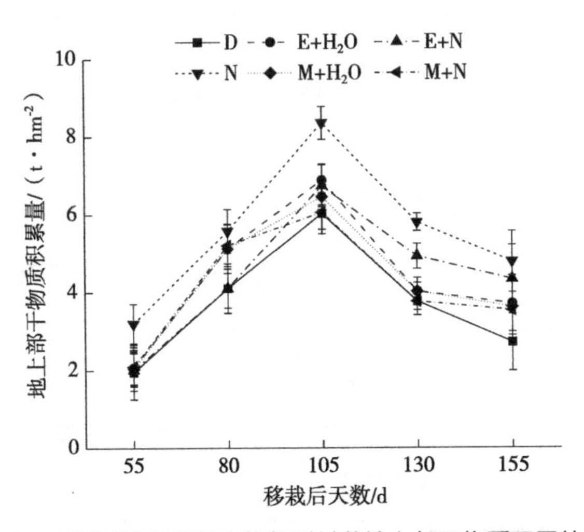

图 8-4 不同时期旱后复水施氮对甘薯地上部干物质积累的影响

从移栽到第 55 天，地下部干物质积累速率较小。移栽后 55～105 d，甘薯进入薯蔓并长期，地下部干物质积累速率明显加快。移栽 105 d 之后，甘薯进入薯块膨大期，地下部干物质积累持续增加；收获期（第 155 天）达到最大值（图 8-5）。

与干旱胁迫处理相比，不同时期旱后复水或施氮处理均可显著提高各生育时期甘薯地下部干物质积累量（$P<0.05$）。其中，与正常供水处理相比，前期旱后复水施氮处理的地下部干物质积累量虽有差异，但差异不显著，表明在甘薯生长前期，旱后及时复水施氮对干旱胁迫具有显著的缓解效应。

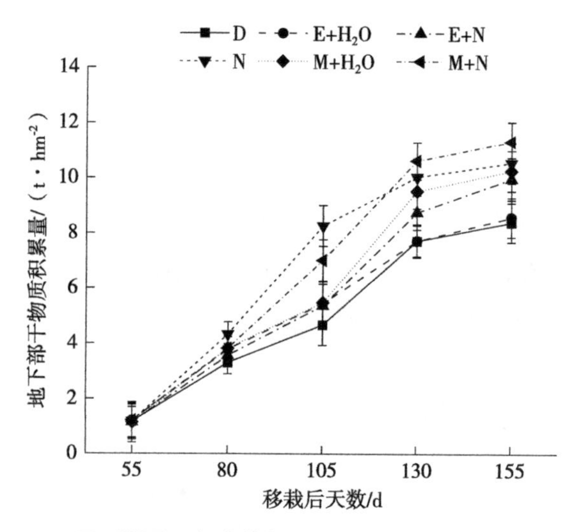

图 8-5　不同时期旱后复水施氮对甘薯地下部干物质积累的影响

8.2.7　不同时期旱后复水施氮对甘薯冠根比的影响

如图 8-6 所示，随生长期的延长，甘薯的冠根比（T/R 值）不断降低，在第 155 天降到最低。试验表明，与正常供水处理相比，前期旱后复水施氮处理显著提高了甘薯生长前期（移栽后 55 d）的 T/R 值（$P<0.05$），而降低了甘薯生长中后期（移栽后 80～155 d）的 T/R 值。由此可见，旱后复水施氮处理有利于甘薯生长前期地上部光合产物的累积，并且有利于甘薯生长后期干物质向地下部薯块的分配，减少干旱胁迫的损失。

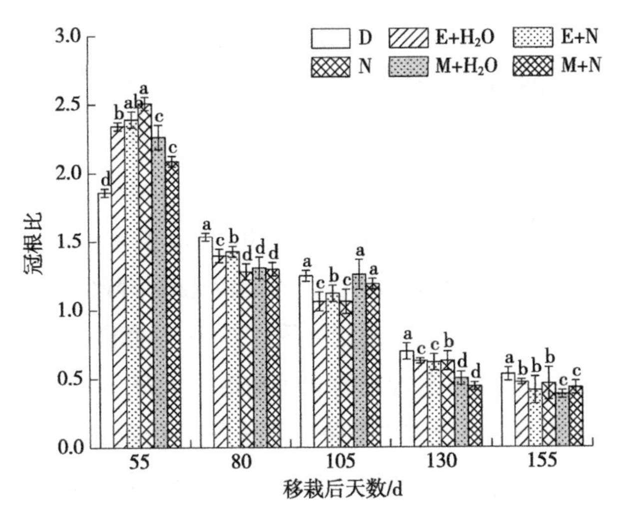

图 8-6　不同时期旱后复水施氮对甘薯冠根比的影响

注：不同字母表示处理间差异显著（$P<0.05$）。

8.3 讨论

遭受干旱胁迫后，甘薯通过提高叶片保护酶来清除活性氧，抗氧化系统活性氧的解毒过程是防止光合机构被破坏的一条重要途径。本研究结果表明，在干旱胁迫下，随着天数的增加甘薯叶片中 MDA 含量和 POD、Pro 活性逐渐升高，在第 3 天达到最高值。这反映出甘薯对干旱胁迫的应激反应机制。前人研究表明，干旱胁迫下抗氧化酶活性显著升高，使作物体内的自由基保持在一个正常的阈值内，增强了甘薯对活性氧的清除能力，减轻了膜脂过氧化，提高了植物的抗逆性（贾慧等，2016）。在干旱胁迫后，复水和复水施氮显著降低抗氧化酶活性，有效缓解干旱胁迫对膜系统的伤害。经过复水或复水施氮处理后，复水施氮处理甘薯叶片抗氧化酶活性恢复到了对照值，复水处理仍显著小于对照值，说明旱后复水配合施氮的恢复能力更强（Hare et al.，1998）。

叶绿素荧光动力学参数是逆境下的重要指标，它能准确反映干旱等逆境胁迫下甘薯叶片光能吸收的分配路径（Li et al.，2007）。其中，F_v/F_m 等参数能表征原初反应中心的光能利用率和转化效率，反应中心性能指数PI（ABS）能反映PS Ⅱ的整体性能（张善平等，2014）。一般来说，植物在正常条件下生长，F_v/F_m一般为0.75～0.85。在一定范围内，F_v/F_m越高，光化学效率越高，叶片的光合作用越强（Demmig，1987）。当植物遭受胁迫，F_v/F_m一般下降至0.7以下（吴甘霖等，2010；李志军等，2009），说明PS Ⅱ结构受损，捕光蛋白复合体受到伤害，光能转化效率降低，电子传递受阻，下降程度越高，受损程度越大（周艳虹等，2004；马彦霞等，2012）。本研究结果表明，干旱胁迫使各甘薯叶片的PI（ABS）、F_v/F_m降低，同时结合干旱引起F_0上升的试验结果，说明干旱胁迫使光合原初反应过程遭受部分破坏，捕光蛋白复合体损伤，热耗散增加，光能转化效率降低。复水后的甘薯叶片PI（ABS）、F_v/F_m仍然显著小于对照，而复水施氮处理恢复到对照水平，进一步表明旱后复水配合施氮有利于提高甘薯叶片对光能的利用率，甘薯叶片的光合能力得到改善，从而缓解前期干旱胁迫对甘薯生理功能及其生长的影响。肖凯等（1998）研究认为，植物光合机构的发育与功能维持都有氮素的参与调控，提高氮素含量可阻止光合蛋白复合体的降解。本研究结果表明，一方面，干旱胁迫下，旱后复水施氮可以显著提高F_v/F_m和PI（ABS），表明氮素可修复因干旱胁迫导致的放氧复合体损伤，提高PS Ⅱ反应中心电子传递的能量和最大量子产额；另一方面，旱后复水施氮增强了PS Ⅱ反应中心过剩激发能的有效耗散，从而缓解了干旱胁迫对叶片PS Ⅱ反应中心的损伤。

甘薯丘陵旱薄地的首选作物，供水不足限制了其产量潜力的发挥。许育彬（许育彬等，2007；许育彬，2009）等研究认为，干旱条件下，施肥能够促进甘薯块根的形成。另有研究认为，旱后复水施氮可显著提高甘薯茎叶的含氮量，促进块根迅速膨大，增加块根产量（李长志等，2016）。本研究结果与李长志等（2016）的结果类似，即干旱胁迫后复水施氮能缓解干旱胁迫所造成的损失，保证一定的甘薯产量，且时间越早，与正常供水处理产量相差越小。在甘薯的整个发育期内，发根分枝结薯期是水分临界期，同时也是源库关系建立初期（张明生等，1999；宁运旺等，2015）。甘薯生长前期遭受干旱胁迫对甘薯产量影响最大，在前期，地上部需不断增加生物量以满足生长后期块根膨大的需要，此时若遭遇干旱，则会影响甘薯最终产量，旱后复水施氮可缓解干旱胁迫导致的甘薯前期生物量降低现象，促进地上部的生长和根系的分化，改善源库失衡的状况，弥补因干旱胁迫所造成的生物量损失；甘薯生长中期是叶片数、茎蔓长和地上部干重增加最快的时期（张海燕等，2018），与前期相比，其地上部和根系结构发育都较为完善，对干旱胁迫也具有了一定的抗性，但在干旱胁迫时甘薯仍会通过减少自身生物量来降低自身需水量（张宪初等，1999；张明生等，1999）。本研究中，前期旱后复水施氮处理可显著提高甘薯地上部、地下部的干物质积累量，促进甘薯前期的营养生长，为后期甘薯产量的形成打下基础，缓解干旱胁迫对甘薯产量的影响。

8.4 结论

旱后复水或施氮均能使甘薯叶片中抗氧化酶活性显著下降，F_v/F_m、PI（ABS）等 PS Ⅱ的综合荧光参数显著提高，甘薯地上部、地下部干物质积累量显著升高，促进甘薯的营养生长与干物质积累，最终降低干旱胁迫条件下甘薯减产的幅度。就缓解效果而言，旱后复水施氮优于旱后复水；就不同时期而言，前期好于中期。前期旱后复水施氮处理收获期的甘薯产量与正常供水处理相比仅减产 2.93%，差异不显著，具有正缓解效应，旱后复水与施氮相结合更有利于甘薯旱后产量潜力的发挥。实际生产中若遭遇干旱应及时进行水分供应并配合施氮。

9

喷施外源激素对甘薯干旱胁迫的缓解作用

农业抗旱领域，利用6-苄基腺嘌呤（6-BA）、脱落酸（ABA）和萘乙酸（NAA）等植物生长调节剂调控作物的生长发育和生理特性，增强作物在干旱胁迫下的适应能力，提高植株抗旱性，从而缓解干旱胁迫导致的产量下降，是目前采用较为广泛和有效的抗旱增产途径。

干旱胁迫下植物生长调节剂的研究多集中于薯苗移栽成活率的提高以及渗透调节物质和抗氧化酶活性变化等生理特性，从而更快诱导相关基因的表达，使植物更好适应胁迫环境，提高其抗逆能力。干旱胁迫下外施6-BA、ABA和NAA在其他作物中虽然研究较多，但从内源激素变化、光合特性和碳代谢酶活性角度研究干旱胁迫下喷施6-BA、ABA和NAA对甘薯光合产物分配的影响以及对干旱胁迫的缓解效应研究报道较少。

9.1 材料与方法

9.1.1 供试材料与试验设计

试验选用北方主栽鲜食型甘薯品种烟薯25号，于2018年5月10日在青岛农业大学平度试验基地防雨旱棚内布置垄栽试验。

试验设正常供水（CK）、轻度干旱（LD）、轻度干旱+叶面喷施ABA溶液（LD+ABA）、轻度干旱+叶面喷施NAA溶液（LD+NAA）和轻度干旱+叶面喷施6-BA溶液（LD+6-BA）5个处理。于移栽后第20天、第60天和第100天（即前、中和后3个时期）进行干旱处理，正常供水和轻度干旱处理的土壤含水量分别为土壤田间持水量的75%±5%和55%±5%，每次干旱处理持续20 d，采用测墒补灌的方法，保证土壤含水量保持在各处理的水分含量范围内。喷施植物生长调剂的各处理在每次干旱处理后的第10天分别连续2 d喷施4 $mg \cdot L^{-1}$ ABA溶液、50 $mg \cdot L^{-1}$ NAA溶液和30 $mg \cdot L^{-1}$ 6-BA溶液，在植株叶片正反两面均匀喷施，喷施程度为叶面湿透无滴水，CK和LD喷清水作为对照。试验采用起垄净作栽培方式，株距0.22 m、垄距0.8 m，小区面积19.2 m^2（6 m×3.2 m），每个处理3次重复，随机区组排列。

9.1.2 测定项目与方法

（1）生物量。于移栽后第 40 天、第 80 天和第 120 天采样，每次采样 10 株，记录地上部茎叶鲜重和地下部块根鲜重。地上部茎叶和块根切碎混合均匀后，称取鲜样 200 g 左右，于 75℃下烘至恒重，测定其干物质量。

（2）产量。移栽后第 160 天收获，收获时进行小区测产，获得小区产量平均值，计算鲜薯产量。

（3）光合参数。采用 CIRAS-3 便携式光合测定仪（汉莎科技集团有限公司，美国）测定光合参数，于移栽后第 40 天、第 80 天和第 120 天 9:00—11:00 人工控制 CO_2 浓度 400 $\mu mol \cdot mol^{-1}$、温度 25℃、光照强度 1 200 $\mu mol \cdot m^{-2} \cdot s^{-1}$，测定 Pn、Gs、Ci 和 Tr。

（4）叶绿素荧光参数。选择甘薯第 4 片功能叶，先进行 20 min 的暗适应处理，然后采用 M-PEA 便携式连续激发式荧光仪（汉莎科技集团有限公司，英国）测定叶片快速叶绿素荧光诱导动力学曲线（O-J-I-P 曲线）。随后利用 JIP-test 对 O-J-I-P 曲线进行分析，解析初始荧光或基础荧光（F_0）、可变荧光（F_v）、最大荧光产量（F_m）、稳态荧光产量（F_s）等叶绿素荧光参数。

（5）内源激素。参照何钟佩等（1990）的酶联免疫吸附（ELISA）法，略有改动，试剂盒由南京建成生物工程研究所提供。用 0.1 $mol \cdot L^{-1}$ PBS 缓冲液（pH=7.3）提取内源激素，用 ELISA 法测定内源激素（ABA、IAA、ZR）含量。

9.2 结果与分析

9.2.1 不同时期干旱胁迫下喷施生长调节剂对甘薯干物质量的影响

由表 9-1 可知，干旱胁迫下甘薯地上部和地下部生物量显著低于正常供水（$P<0.05$）。不同时期干旱胁迫后喷施 6-BA 能显著提高甘薯地上部和地下部生物量（$P<0.05$），其中，增幅以前期喷施最大，地上部生物量和地下部生物量增幅约为 42.2%；中期喷施次之，增幅约为 36.5%；后期

喷施增幅最小，仅为3.04%。不同时期干旱胁迫下喷施NAA和ABA亦呈现此规律。干旱胁迫下同一时期喷施不同生长调节剂均能显著提高甘薯生物量，其中以喷施6-BA效果最佳，其次是喷施NAA，最后是喷施ABA。前期喷施6-BA、NAA和ABA导致甘薯生物量分别增加了42.2%、36.5%和30.3%。干旱胁迫下，喷施生长调节剂的时间越早，对甘薯生物量的降低越能起到缓解作用；就喷施不同生长调节剂而言，喷施6-BA缓解效果最佳。

表9-1　不同时期干旱胁迫下喷施生长调节剂对甘薯干物质量的影响　单位：g·株$^{-1}$

时期	处理	地上部	地下部
20 d	CK	27.13 ± 0.96a	8.37 ± 0.16a
	LD	18.44 ± 0.46d	5.64 ± 0.41d
	LD+ABA	24.05 ± 0.63c	7.35 ± 0.39c
	LD+NAA	25.19 ± 0.67bc	7.70 ± 0.68ab
	LD+6-BA	26.22 ± 0.79ab	8.02 ± 0.37ab
60 d	CK	81.69 ± 1.25a	28.96 ± 0.55a
	LD	51.52 ± 0.37e	16.71 ± 0.74d
	LD+ABA	63.33 ± 0.79d	17.93 ± 1.13c
	LD+NAA	68.02 ± 1.06c	19.26 ± 0.63b
	LD+6-BA	69.46 ± 0.82b	19.69 ± 1.68b
100 d	CK	135.11 ± 1.28a	125.07 ± 1.17a
	LD	109.76 ± 0.80d	100.60 ± 1.03d
	LD+ABA	113.69 ± 1.37c	108.87 ± 0.59b
	LD+NAA	110.80 ± 1.54d	101.55 ± 1.13c
	LD+6-BA	120.32 ± 1.20b	110.28 ± 1.16b

注：数据为平均值 ± 标准差，不同小写字母表示处理间差异显著（$P<0.05$）。

9.2.2　不同时期干旱胁迫下喷施生长调节剂对甘薯产量的影响

由图9-1可知，干旱胁迫下甘薯产量显著低于正常供水（$P<0.05$）。不同时期干旱胁迫后喷施6-BA能显著提高甘薯的产量（$P<0.05$），其中，以前期喷施增幅最大，增幅为46.2%；其次是中期喷施，为27.1%；最后是后

期喷施，为 16.9%。不同时期干旱胁迫下喷施 NAA 和 ABA 亦呈现此规律。干旱胁迫下同一时期喷施不同生长调节剂均能显著提高甘薯产量，其中喷施 6-BA 效果最佳，其次是喷施 NAA，最后是喷施 ABA；前期喷施 6-BA、NAA 和 ABA 使甘薯产量分别增加了 46.2%、35.3% 和 28.6%。说明干旱胁迫下，喷施生长调节剂的时间越早，对甘薯的减产越能起到缓解作用；就喷施不同生长调节剂而言，喷施 6-BA 缓解效果最佳。

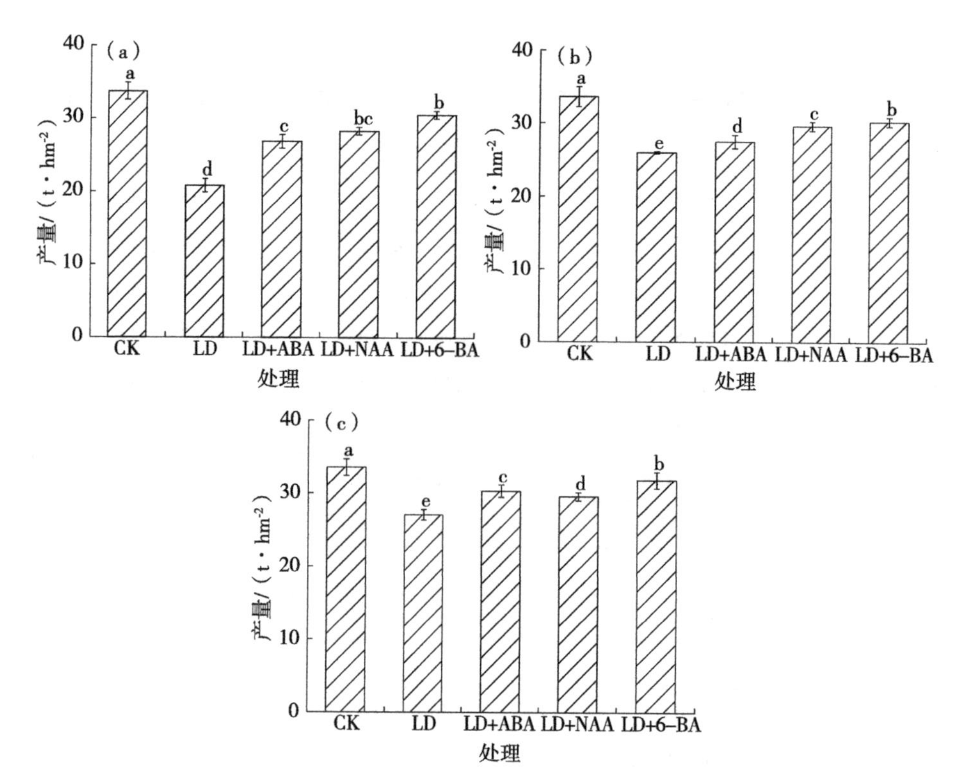

图 9-1　不同时期干旱胁迫下喷施生长调节剂对甘薯产量的影响

注：a、b、c 分别表示第 20 天、第 60 天和第 100 天干旱胁迫下的甘薯产量。不同小写字母表示处理间差异显著（$P<0.05$）。

9.2.3　不同时期干旱胁迫下喷施生长调节剂对甘薯叶片光合特性的影响

从表 9-2 可以看出，干旱胁迫可导致甘薯叶片 Pn、Gs、Ci 和 Tr 显著下降（$P<0.05$）。不同时期干旱胁迫喷施生长调节剂可以显著提高甘薯叶片的 Pn，增幅以前期旱后喷施最大，为 25.9%；中期旱后喷施次之，为 13.4%；后期旱后喷施增幅最小，为 4.9%。同一时期干旱胁迫下喷施不同生长调节

剂均能显著提高甘薯叶片 Pn 和 Ci，其中以喷施 6-BA 效果最佳，其次是喷施 NAA，最后是喷施 ABA。前期旱后喷施 6-BA、NAA 和 ABA 导致甘薯叶片 Pn 分别增加了 30.0%、26.9% 和 19.8%；喷施 NAA 和 6-BA 能显著提高甘薯叶片 Tr 和 Gs，而喷施 ABA 则导致 Tr 和 Gs 的分别下降了 1.5% 和 3.7%（表 9-2）。干旱胁迫下，喷施生长调节剂的时间越早，对甘薯净光合速率的降低越能起到缓解作用。

表 9-2　不同时期干旱胁迫下喷施生长调节剂对甘薯叶片光合特性的影响

时期	处理	净光合速率/（$\mu mol \cdot m^{-2} \cdot s^{-1}$）	蒸腾速率/（$mol \cdot m^{-2} \cdot s^{-1}$）	气孔导度/（$mol \cdot m^{-2} \cdot s^{-1}$）	胞间 CO_2 浓度/（$\mu mol \cdot mol^{-1}$）
20 d	CK	21.67 ± 0.86a	5.64 ± 0.27a	499.20 ± 10.17a	288.67 ± 11.41a
	LD	14.18 ± 1.11d	3.30 ± 0.17d	296.84 ± 10.42d	182.67 ± 8.89e
	LD+ABA	16.99 ± 0.65c	3.25 ± 0.12e	285.94 ± 6.12e	217.81 ± 9.93d
	LD+NAA	17.99 ± 0.99b	4.20 ± 0.19b	369.63 ± 12.30c	228.11 ± 11.52c
	LD+6-BA	18.43 ± 0.75b	4.35 ± 0.25b	384.75 ± 20.35b	237.44 ± 15.28b
60 d	CK	23.78 ± 1.04a	5.37 ± 0.15a	515.67 ± 24.30a	306.67 ± 22.82a
	LD	15.74 ± 1.06c	4.02 ± 0.29d	365.71 ± 10.65d	234.66 ± 11.96e
	LD+ABA	17.46 ± 0.77bc	3.95 ± 0.06e	353.76 ± 21.22e	260.23 ± 9.14d
	LD+NAA	17.74 ± 1.03b	4.54 ± 0.34c	411.39 ± 26.76c	264.49 ± 12.59c
	LD+6-BA	18.66 ± 0.82b	4.77 ± 0.17b	432.62 ± 31.14b	278.14 ± 14.62b
100 d	CK	20.60 ± 0.70a	5.11 ± 0.04a	390.50 ± 20.60a	280.57 ± 11.70a
	LD	18.58 ± 1.46b	3.16 ± 0.91c	212.67 ± 11.30c	340.00 ± 21.20e
	LD+ABA	19.34 ± 0.68b	3.09 ± 0.06d	201.33 ± 11.98e	353.86 ± 22.98c
	LD+NAA	18.78 ± 0.96b	3.21 ± 0.26c	214.94 ± 15.11d	343.64 ± 22.11d
	LD+6-BA	20.61 ± 0.40a	3.51 ± 0.04b	235.95 ± 10.98b	377.23 ± 28.95b

注：数据格式为平均值 ± 标准差，不同小写字母表示处理间差异显著（$P<0.05$）。

9.2.4　不同时期干旱胁迫下喷施生长调节剂对甘薯叶片叶绿素荧光特性的影响

如表 9-3 所示，与正常供水相比，干旱胁迫导致甘薯叶片光化学效率和电子传递速率显著下降（$P<0.05$）。不同时期干旱胁迫喷施生长调节剂可以显著提高甘薯叶片的 F_v/F_m，前期旱后喷施提高 34.0%，中期旱后喷施提

高22.3%，后期旱后喷施提高20.0%；PI（ABS）、ABS/CSm、ETo/CSm和TRo/ABS亦呈现此规律。同一时期干旱胁迫下喷施不同生长调节剂均能显著提高甘薯叶片F_v/F_m，其中以喷施6-BA和NAA效果最佳，其次是喷施ABA。前期旱后喷施6-BA、NAA和ABA分别提高甘薯叶片F_v/F_m 39.6%、34.0%和13.2%；PI（ABS）、ABS/CSm和ETo/CSm亦呈现此规律。但是喷施不同生长调节剂对TRo/ABS的影响不显著。干旱胁迫下，喷施生长调节剂的时间越早，对甘薯PS Ⅱ的降低越能起到缓解作用；以就喷施不同生长调节剂而言，以喷施6-BA和NAA缓解效果最佳。

表9-3　不同时期干旱胁迫下喷施生长调节剂对甘薯叶片叶绿素荧光特性的影响

时期	处理	F_v/F_m	PI（ABS）	ABS/CSm	ETo/CSm	TRo/ABS
20 d	CK	0.72 ± 0.03a	2.37 ± 0.14a	22 656 ± 1 278a	8 310 ± 363b	0.72 ± 0.03a
	LD	0.53 ± 0.05c	1.23 ± 0.26b	14 407 ± 1 823b	6 589 ± 642c	0.58 ± 0.09b
	LD+ABA	0.60 ± 0.05bc	1.93 ± 0.24ab	16 043 ± 2 350b	7 343 ± 103c	0.66 ± 0.02a
	LD+NAA	0.71 ± 0.03b	2.21 ± 0.45a	21 145 ± 268a	8 826 ± 668ab	0.71 ± 0.03a
	LD+6-BA	0.74 ± 0.01a	2.64 ± 0.45a	21 425 ± 1 774a	9 310 ± 334a	0.74 ± 0.01a
60 d	CK	0.74 ± 0.05a	2.50 ± 0.15a	21 155 ± 1 610a	8 035 ± 87a	0.74 ± 0.05a
	LD	0.59 ± 0.02b	1.55 ± 0.29b	15 144 ± 1 584c	5 675 ± 384c	0.59 ± 0.02c
	LD+ABA	0.66 ± 0.10ab	2.02 ± 0.41ab	21 720 ± 1 101b	7 030 ± 181b	0.66 ± 0.04b
	LD+NAA	0.74 ± 0.02a	2.35 ± 0.38a	20 975 ± 1 455ab	7 405 ± 641ab	0.74 ± 0.02a
	LD+6-BA	0.73 ± 0.03a	2.52 ± 0.22a	20 699 ± 1 612ab	7 675 ± 370ab	0.72 ± 0.02a
100 d	CK	0.69 ± 0.02a	2.32 ± 0.16b	28 784 ± 1 878a	9 916 ± 211ab	0.69 ± 0.04a
	LD	0.55 ± 0.04d	1.23 ± 0.08d	20 875 ± 594c	5 744 ± 756 d	0.56 ± 0.05c
	LD+ABA	0.64 ± 0.02b	2.03 ± 0.06c	25 412 ± 1 474b	8 955 ± 207b	0.70 ± 0.04a
	LD+NAA	0.60 ± 0.03c	1.94 ± 0.08c	28 684 ± 488a	7 854 ± 688c	0.65 ± 0.03b
	LD+6-BA	0.66 ± 0.01b	2.90 ± 0.16a	28 312 ± 910a	10 750 ± 717a	0.70 ± 0.01a

注：数据格式为平均值 ± 标准差，不同小写字母表示处理间差异显著（$P<0.05$）。

9.2.5　不同时期干旱胁迫下喷施生长调节剂对甘薯叶片内源激素含量的影响

如表9-4所示，与正常供水相比，干旱胁迫导致甘薯叶片内源激素

（ZR 和 IAA）含量显著下降（$P<0.05$）。不同时期干旱胁迫后喷施 6-BA 可以显著提高甘薯叶片 ZR 和 IAA 含量，前期旱后喷施增幅最大，分别为 30.0% 和 17.7%，其次是中期旱后喷施，增幅分别为 25.9% 和 12.7%，最后是后期旱后喷施增幅分别为 18.7% 和 11.0%；喷施 NAA 和 ABA 也呈现此规律。同一时期干旱胁迫下喷施不同生长调节剂均能显著提高甘薯叶片 ZR 和 IAA 含量，其中以喷施 6-BA 效果最佳，其次是喷施 NAA，最后是喷施 ABA。干旱胁迫下喷施 ABA 处理中叶片的 ABA 含量显著高于喷施 6-BA 和 NAA 处理（$P<0.05$）。干旱胁迫下，喷施生长调节剂的时间越早，对甘薯内源激素含量的下降越能起到缓解作用。就喷施不同生长调节剂而言，以喷施 6-BA 缓解效果最佳。

表 9-4　不同时期干旱胁迫下喷施生长调节剂对甘薯叶片内源激素含量的影响

单位：ng · g^{-1}

时期	处理	ZR	IAA	ABA
20 d	CK	29.18 ± 0.93a	83.38 ± 1.65ab	180.75 ± 4.54d
	LD	22.21 ± 1.08c	69.51 ± 8.76c	228.82 ± 13.90c
	LD+ABA	25.49 ± 2.11b	80.88 ± 2.69b	269.49 ± 5.86a
	LD+NAA	27.74 ± 0.99ab	91.35 ± 6.70a	231.97 ± 11.08b
	LD+6-BA	28.88 ± 1.79a	81.80 ± 3.49ab	233.42 ± 5.74b
60 d	CK	36.38 ± 0.99a	123.04 ± 7.65a	191.03 ± 10.00d
	LD	27.06 ± 1.04d	82.34 ± 4.20d	241.92 ± 2.79c
	LD+ABA	30.01 ± 1.79c	91.31 ± 3.18c	273.66 ± 5.96a
	LD+NAA	30.50 ± 1.89c	100.60 ± 2.34b	252.53 ± 4.62b
	LD+6-BA	34.07 ± 0.75b	92.81 ± 2.01bc	244.43 ± 2.45b
100 d	CK	35.68 ± 0.87a	114.50 ± 8.13a	191.43 ± 1.34e
	LD	25.69 ± 1.00d	75.75 ± 1.18e	247.36 ± 2.30d
	LD+ABA	29.06 ± 0.17c	81.83 ± 1.96d	270.31 ± 1.29a
	LD+NAA	28.02 ± 0.34c	88.13 ± 3.56b	251.49 ± 6.48c
	LD+6-BA	30.50 ± 0.69b	84.06 ± 1.81c	245.77 ± 3.46d

注：数据格式为平均值 ± 标准差，不同小写字母表示处理间差异显著（$P<0.05$）。

9.3 讨论

杜召海等（2014）研究认为，干旱条件下，生长调节剂能够促进甘薯块根的形成。另有研究认为，生长调节剂提高了碳水同化物向块根的转运和干物质在块根中的分配率，促进块根迅速膨大，增加块根产量。本研究结果表明，干旱胁迫条件下，喷施不同生长调节剂均能提高甘薯产量，且喷施时间越早，产量增加幅度越大，以喷施 6-BA 增幅效果最佳。甘薯生长前期是水分临界期，同时也是源库关系建立初期（宁运旺等，2015），地上部需不断增加生物量以满足生长后期块根膨大的需要，喷施生长调节剂可缓解干旱胁迫导致的甘薯生物量降低的现象，促进地上部的生长和块根的形成，改善源库失衡的状况；甘薯生长中期是叶片数、茎蔓长和地上部干重增加最快的时期（张海燕等，2018），此时期其地上部和根系结构比较完善，因此与前期相比对干旱胁迫具有一定的抗性，但甘薯仍会通过减少自身生物量来降低自身需水量（李长志等，2016），喷施生长调节剂可促进地上部的生长；后期正值地上部的衰老期，此时遭遇干旱胁迫，会加速地上部的衰老和导致光合产物向块根的转移受阻（Mcdavid and Alamu，1980），喷施生长调节剂可促进薯块的膨大。这与邢兴华（2014）的研究结果一致。生产中在甘薯生长前期喷施生长调节剂，同时也加强水分管理，避免过度干旱造成减产。

叶绿素荧光动力学参数能准确反映甘薯叶片光能吸收的分配去向（Li et al.，2007），其中 PI（ABS）反映了光系统Ⅱ的整体性能，F_v/F_m 等参数能表征原初反应中心的光能利用率和转化效率（张善平等，2014）。植物在干旱胁迫条件下，光化学效率和电子传递速率等显著下降（高杰等，2015）。本试验结果表明，喷施生长调节剂能缓解干旱胁迫对甘薯叶片光能利用和光系统Ⅱ整体性能的损伤，且喷施时间越早，缓解效果越好。唐晓川（2014）研究认为，植物光合机构的发育与功能维持都有脱落酸、生长素和细胞分裂素的参与调控，提高内源激素含量可阻止光合蛋白复合体的降解。本研究结果表明，干旱条件下，喷施 6-BA、ABA 和 NAA 可以显著提升植物的光合作用效率，具体表现为提高 F_v/F_m 和 PI（ABS），这表明这些调节剂有助于修复干旱造成的光合系统损伤，并增强 PSⅡ反应中心的电子传递和最大量子产量。同时，这些调节剂还能有效减少 PSⅡ反应中心的过剩激发能，减轻干旱胁迫对叶片 PSⅡ反应中心的损害。叶绿素荧光是监测干旱胁迫及其缓解效果的敏感工具，光合机构的改善会直接影响光合作用。

光合作用是作物生长和产量形成的重要代谢过程，是植物生长发育的物质和能量的主要来源，前期和中期干旱胁迫下喷施生长调节剂可以显著提高作物的光合作用（王军等，2017）。一方面，在前期干旱胁迫下，喷施生长调节剂可以显著提高叶片气孔导度，显著降低 CO_2 从胞间向叶绿体传递阻力并使碳同化过程中 CO_2 的利用显著增加，进而显著提高净光合速率，有利于光合产物较多地积累在植株中并向块根转移；另一方面，喷施生长调节剂可以显著提高蔗糖磷酸合成酶和蔗糖合成酶的活性（梁鹏等，2011），进而显著提高甘薯的净光合速率，促进光合产物的积累（方强飞，2014），最终提高甘薯产量。

叶片是干物质生产的源，是获得高产的基础，而叶片内源激素协调作用是影响叶片生长、发育和生理功能的主要内在因素。IAA 具有前期促进叶片生长发育和后期加速叶片衰老的双重作用（赵春江和康书江，2000），CTK 可延缓叶片衰老（张悦，2016），ABA 则可促进衰老（王海波等，2017）。周宇飞等（2014）研究结果表明，ZR 调控气孔的运动，并影响光合速率及光合电子传递等其他光合生理过程。此外，段留生和田晓莉（2005）研究结果表明，ZR 作为一种诱导光合产物的生成和向库转移的重要信号，维持或改变植物源库关系。另有研究表明，ABA 可促进同化物向库的运输（Schussler et al.，1991），同时作为一种逆境应激激素，干旱胁迫条件下 IAA 可促使叶片气孔关闭，减少水分蒸腾（Tang et al.，2005）。张海燕等（2018）研究认为，前期干旱胁迫导致的甘薯叶片内源激素水平变化（GA、IAA 和 ZR 含量下降，ABA 含量上升）无法在复水后得到有效修复。研究发现，生长调节剂能够缓解干旱胁迫导致的甘薯叶片内源激素下降的现象（宁运旺等，2015）。本试验结果表明，前期干旱胁迫下，喷施 6-BA 和 NAA 能显著提高甘薯叶片 ZR 和 IAA 含量；而喷施 ABA 导致叶片 ZR、IAA 和 ABA 含量均显著升高。说明干旱胁迫条件下，喷施生长调节剂使叶片 IAA 和 ZR 含量上升，导致叶片和茎蔓生长增强，光合作用上升，进而促进干物质的积累。

9.4 结论

与喷清水相比，喷施外源植物激素均能显著提高甘薯产量（$P<0.05$），以喷施6-BA增幅最大，其次是喷施NAA，喷施ABA增幅最小；就不同时期而言，前期旱后喷施好于中期和后期。不同时期干旱胁迫下，喷施外源植物激素可显著提高甘薯叶片的光合及叶绿素荧光特性（$P<0.05$）。同时，喷施6-BA、NAA和ABA能缓解干旱引起的ZR和IAA含量下降的现象。移栽后第20天干旱胁迫下，喷施6-BA、NAA和ABA 3种外源植物激素处理通过改善甘薯叶片内源激素含量和提高光合特性，最终提高了甘薯产量，以喷施6-BA效果最佳。

10

γ-氨基丁酸对甘薯干旱胁迫的缓解作用

γ-氨基丁酸（γ-aminobutyric acid，GABA）是一种非蛋白质氨基酸，具有维持作物体内碳氮平衡、改善抗氧化酶系统活性、提高渗透调节物质含量等功能，对提高作物抗旱性具有重要作用。生物刺激素在减轻干旱胁迫以及其他非生物胁迫方面具有重要的作用，但生物刺激剂对甘薯抗旱性的影响鲜有报道。本章研究土壤施用 GABA 对干旱胁迫下甘薯生长发育、养分吸收、渗透调节、抗氧化系统以及光合与荧光生理参数的影响，阐明外源 GABA 在缓解甘薯苗期干旱胁迫中的作用和生理机制，为甘薯高产高效栽培提供理论依据。同时，在有限的水资源条件下，利用外源物质提高甘薯的抗旱能力，对于甘薯抗旱栽培有重要的意义。

10.1 材料与方法

10.1.1 供试材料与试验设计

试验所用 GABA 购自南宁汉和生物科技股份有限公司，所用甘薯品种为北方薯区主栽品种济薯 26，薯苗均选取长度为 25～30 cm、长势一致的健壮薯苗，由山东省农业科学院提供。

试验在青岛农业大学日光温室内进行。土培试验用塑料盆作为试验盆钵，规格为上口直径 19.2 cm、底直径 17.3 cm、高 21.3 cm，容积为 5 L。试验所用土壤为砂姜黑土，将试验土壤自然风干后过 2 mm 筛，每盆装风干土 5 kg。

试验设 4 个处理，分别用 T1、T2、T3、T4 表示。其中，T1 为正常供水处理，土壤含水量为田间持水量的 70%～75%；T2 为干旱胁迫处理，土壤含水量为田间持水量的 40%～45%；T3 是在 T2 的基础上，每盆施用 18 mg GABA；T4 是在 T2 的基础上，每盆施用 36 mg GABA。每个处理 9 盆，每盆定植 1 棵薯苗。为保证薯苗生长期间的养分供应，每盆施用氮磷钾复合肥（15-15-15）3 g 以补充土壤养分。土壤装盆后，随即进行薯苗移栽并浇定苗水，同时分别将 T3 和 T4 处理所需的 GABA 随水浇入盆中，

T1、T2 处理仅浇等量清水，2 周后等所有移栽的薯苗生长正常即进行干旱处理。干旱胁迫期间利用称重法控制水分含量，每天称重做记录并补充当天蒸发的水分，使各处理的土壤含水量保持在设定的范围内。试验于 2021 年 5 月 17 日移栽薯苗，5 月 31 日开始进行干旱处理，7 月 15 日取样进行相关指标测定。

10.1.2 测定项目与方法

（1）叶面积。用打孔法测定所有展开叶单株叶面积，选择部分叶片用直径为 14.87 mm 的打孔器对叶片进行打孔后，将孔片与剩余叶片分别烘干至恒重。叶面积计算如下：

$$\text{叶面积}=N\times S\times (W_p+W_r)/W_p \qquad (10\text{-}1)$$

式中，N 为叶片数；S 为打孔器面积；W_p 为孔片烘干重；W_r 为剩余叶片烘干重。

（2）根系形态学。用 Epson v850 Pro 扫描仪（分辨率为 300 bpi）对全部根系进行扫描。采用 Win RHIZO 分析程序对图像进行处理。

（3）根系活力。称取甘薯根尖处 1 cm 段 0.5 g，加入 10 mL 1% 的氯化三苯基四氮唑（TTC）溶液和 10 mL pH 7.5 的磷酸缓冲液进行浸泡，37℃恒温放置 1 h，加入 2 mL 1 mol · L^{-1} 的硫酸停止反应。反应结束后，将根洗净吸干水分，加入 5 mL 乙酸乙酯研磨，液体转移并定容至 10 L，以空白管作参比，测定 485 nm 下吸光度，外标法即可求出四氮唑还原量。

（4）游离脯氨酸。取新鲜叶片两份，一份烘干称重，一份称鲜重。加入 5 mL 磺基水杨酸溶液，沸水浴 15 min，取上清 0.5 mL，依次加入 1.5 mL 水、2 mL 冰乙酸和 2 mL 茚三酮溶液，沸水浴 30 min，冷却后加入 5 mL 甲苯，3 000 r · min^{-1} 涡旋 10 min，暗中静置 2 h，于 520 nm 处测定吸光度值，通过外标法进行脯氨酸含量的测定。

（5）可溶性糖。准确称取干燥甘薯粉末 0.5 g 于 10 mL 离心管中，加入 5 mL 80% 乙醇溶液，80℃水浴 30 min 后冷却离心取上清液。上清液用超纯水稀释 10 倍后取 2 mL，将试管放入冰水浴中，沿壁缓慢加入蒽酮 - 硫酸混合试剂，沸水浴 10 min，冷却后于 620 nm 处测定吸光度值，通过外标法进行可溶性糖含量的测定。

（6）可溶性蛋白。称取甘薯新鲜叶片 0.2 g 至研钵中，充分研磨，用蒸馏水定容至 10 mL，离心取上清，蒸馏水稀释 10 倍取 0.1 mL，加入 5 m 考马斯亮蓝 G-250 试剂，充分混合后静置，于 595 nm 下比色，通过外标法进行可溶性蛋白含量的测定。

（7）内源激素。甘薯叶片 MDA 含量及 POD、CAT 活性。MDA 含量采用 TBA 法试剂盒测定；POD 和 CAT 活性均采用紫外分光比色法测定。测定所用试剂盒均购于南京建成生物工程研究所。

（8）超氧阴离子自由基（O_2^-·）。称取甘薯叶片 2 g，加入液氨快速研磨，提取液为 0.065 mol · L^{-1} 的 pH 7.8 的磷酸缓冲液，定容至 10 mL，离心后取 2 mL 上清液，加入 15 mL 磷酸缓冲液和 0.5 mL 0.01 mol · L^{-1} 盐酸羟胺溶液，25 ℃水浴 20 min，取 2 mL 上清液，依次加入 2 mL 的 0.01 mol · L^{-1} 的对氨基苯磺酸和 0.007 mol · L^{-1} α- 萘胺溶液，30℃水浴 30 min，冷却至室温于 530 nm 处测定吸光度值。以外标法计算 O_2^-·的含量。

（9）光合参数与叶绿素荧光参数。选取甘薯第 4 片功能叶，采用汉莎科技集团有限公司生产的 CIRAS-3 便携式光合测定仪，于 9:00—11:00 直接测定 Pn、Gs、Ci、Tr 与 WUE。采用由汉莎科技集团有限公司生产的 M-PEA 便携式连续激发式荧光仪，暗适应 20 min 后测定叶绿素荧光参数及荧光动力学曲线（O-J-I-P 曲线）。

10.2 结果与分析

10.2.1 外源 GABA 对干旱胁迫下甘薯生长发育的影响

外源施用 GABA 对干旱胁迫下甘薯蔓长和叶面积的影响如表 10-1 所示，干旱胁迫会抑制甘薯的生长，而施用 GABA 可以缓解干旱胁迫。与正常供水处理相比，干旱胁迫处理下甘薯蔓长和叶面积分别降低了 25.8% 和 43.0%，差异显著（$P<0.05$），添加不同用量 GABA 后，甘薯蔓长和叶面积出现了不同程度的增加，且都在高量 GABA 处理下表现出较好的生长趋势。

与干旱胁迫处理相比，甘薯蔓长在添加低量 GABA 后增加了 13.6%，添加高量 GABA 后甘薯蔓长增加了 15.2%，两处理之间差异不显著（$P>0.05$）；叶面积也表现出同样的趋势，添加低量 GABA 后叶面积增加了 27.0%，添加高量 GABA 后增加了 28.1%，且两处理之间差异不显著（$P>0.05$），这表明施用外源 GABA 能够在一定程度上缓解干旱胁迫，促进甘薯的生长发育，增加 GABA 用量对蔓长和叶面积没有显著影响。

表 10-1　外源 GABA 对干旱胁迫下甘薯生物量的影响

处理	蔓长/cm	叶面积/cm^2	地上部干重/（g·株$^{-1}$）	地下部干重/（g·株$^{-1}$）	根冠比
T1	50.7 ± 2.46a	303.1 ± 39.45a	5.41 ± 0.15a	1.17 ± 0.14a	0.216 2 ± 0.03b
T2	37.6 ± 2.25c	172.7 ± 22.89c	2.62 ± 0.23c	0.57 ± 0.03c	0.217 5 ± 0.01b
T3	42.7 ± 2.41b	219.4 ± 8.91b	3.28 ± 0.12b	0.87 ± 0.10b	0.265 2 ± 0.05a
T4	43.3 ± 1.61b	221.3 ± 28.95b	3.31 ± 0.17b	0.85 ± 0.04b	0.256 7 ± 0.03a

注：数据为平均值 ± 标准差，不同小写字母表示处理间差异显著（$P<0.05$）。

由表 10-1 可知，外源 GABA 可以提高干旱胁迫下甘薯地上部干重和地下部干重，增加根冠比。与正常生长的甘薯相比，干旱胁迫下甘薯地上部干重和地下部干重分别降低了 51.6% 和 51.3%，差异显著（$P<0.05$），但两个处理根冠比差异未达显著水平。与干旱胁迫处理相比，添加低量 GABA 处理下，甘薯地上部干重和地下部干重分别增加了 25.2% 和 52.6%，根冠比增加了 21.9%，差异显著（$P<0.05$）；添加高量 GABA 后地上部干重和地下部干重分别增加了 26.3% 和 49.1%，根冠比增加了 18.0%，差异显著（$P<0.05$）。根冠比随着 GABA 用量的增加而降低，在不同 GABA 用量处理之间差异不显著（$P>0.05$）。

10.2.2　外源 GABA 对干旱胁迫下甘薯根系发育参数的影响

与正常供水处理相比，干旱胁迫下，甘薯根长和根表面积分别降低了 42.9% 和 44.7%，根体积和根尖数分别降低了 39.9% 和 52.4%，差异显著（$P<0.05$）。与干旱胁迫处理相比，施用低量 GABA 后，甘薯根长、根表面积、根体积和根尖数分别增加了 31.0%、23.4%、27.3% 和 29.9%，差异

显著（$P<0.05$），施用高量GABA后，甘薯根长、根表面积、根体积和根尖数分别增加了42.3%、27.0%、21.5%和9.11%，差异显著（$P<0.05$）（图10-1）。

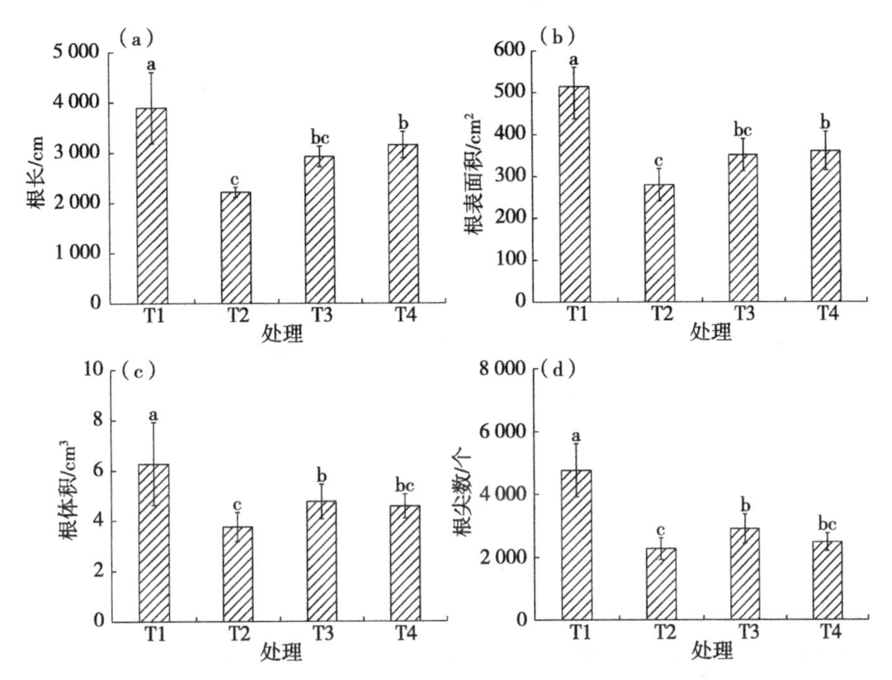

图10-1 外源GABA对干旱胁迫下甘薯根长、根表面积、根体积、根尖数的影响

注：不同小写字母表示处理间差异显著（$P<0.05$）。

10.2.3 外源GABA对干旱胁迫下甘薯根系活力的影响

与正常供水处理相比，干旱胁迫下甘薯根系活力降低了47.3%，差异显著（$P<0.05$）；与干旱胁迫处理相比，添加GABA后根系活力分别增加了30.2%和49.8%，差异显著（$P<0.05$）（图10-2）。增加GABA用量对甘薯的根系活力有着显著的影响，根系活力随着GABA用量的增加而升高，不同GABA用量处理之间差异显著（$P<0.05$）。

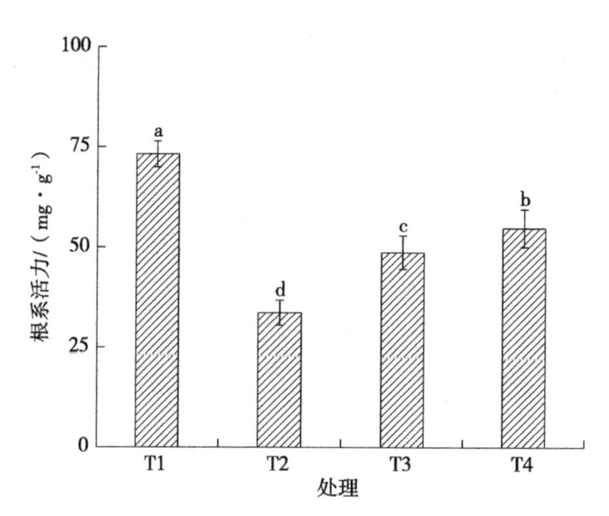

图 10-2　外源 GABA 对干旱胁迫下甘薯根系活力的影响

注：不同小写字母表示处理间差异显著（P<0.05）。

10.2.4　外源 GABA 对干旱胁迫下甘薯活性氧物质的影响

与 T1 处理相比，T2 处理使甘薯叶片 O_2^-· 含量增加了 51.4%，过氧化氢（H_2O_2）含量增加了 36.3%，MDA 含量增加了 46.2%，差异均达显著水平（P<0.05）；施用外源 GABA 有效降低了干旱胁迫下三者的积累，与 T2 处理相比，施用 GABA 的 T3 和 T4 处理 O_2^-·、H_2O_2、MDA 含量均显著降低（P<0.05），但 T3 与 T4 处理之间差异不显著（图 10-3）。其中，O_2^-· 含量分别降低了 26.1% 和 34.7%，H_2O_2 含量分别降低了 14.9% 和 11.2%，MDA 含量分别降低了 13.8% 和 19.6%。施用外源 GABA 后可以显著地降低干旱胁迫下甘薯叶片 O_2^-·、H_2O_2、MDA 含量，有效地减少干旱胁迫下甘薯叶片活性氧产生及减轻干旱胁迫对细胞膜的损害，从而提高甘薯对干旱胁迫的抵抗能力。

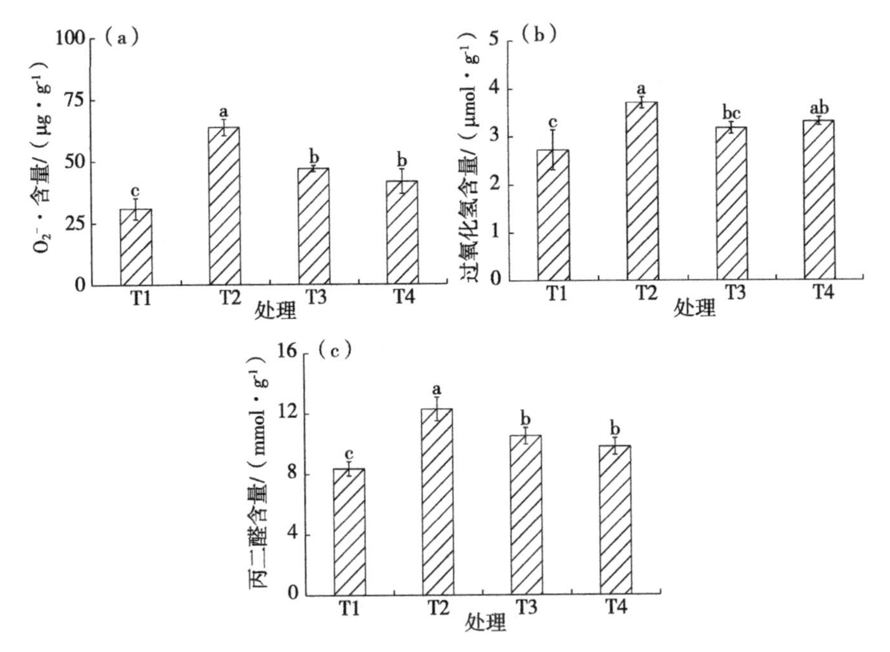

图 10-3　外源添加 GABA 对干旱胁迫下甘薯叶片超氧阴离子自由基、过氧化氢和丙二醛含量的影响

注：不同小写字母表示处理间差异显著（$P<0.05$）。

10.2.5　外源 GABA 对干旱胁迫下甘薯叶片渗透调节系统的影响

由图 10-4a 可知，与正常供水处理相比，干旱胁迫使甘薯叶片细胞膜透性增加了 57.1%，差异显著（$P<0.05$）。施用外源 GABA 能够降低细胞膜的透性，与干旱胁迫处理相比，添加低量和高量 GABA 后细胞膜透性分别降低了 18.8% 和 22.9%，差异显著（$P<0.05$），不同 GABA 用量之间差异不显著（$P>0.05$），增加 GABA 用量可以降低细胞膜透性。

由图 10-4b 可知，与正常供水处理相比，干旱胁迫下，甘薯的脯氨酸含量增加了 41.7%，差异显著（$P<0.05$）。施用外源 GABA 能够降低脯氨酸含量，与干旱胁迫处理相比，添加低量 GABA 后脯氨酸含量降低 16.5%，差异显著（$P<0.05$）；添加高量 GABA 后脯氨酸含量降低了 13.4%，差异不显著（$P>0.05$）。随着 GABA 用量的增加，脯氨酸含量降低，表明植物受到干旱胁迫的损害降低，但不同 GABA 用量之间差异不显著（$P>0.05$）。

由图 10-4c、d 可知，与正常供水处理相比，干旱胁迫下可溶性糖含量增加 71.0%，可溶性蛋白含量增加 81.5%，差异显著（$P<0.05$）。外源施用 GABA 则使可溶性糖和可溶性蛋白含量有所降低。与干旱胁迫处理相比，施用低量 GABA 后可溶性糖和可溶性蛋白含量分别降低了 43.4% 和 25.1%；施用高量 GABA 后甘薯叶片可溶性糖和可溶性蛋白含量则分别降低了 21.5% 和 19.0%。可溶性糖和可溶性蛋白随着 GABA 用量的增加而增加，不同用量之间差异不显著。

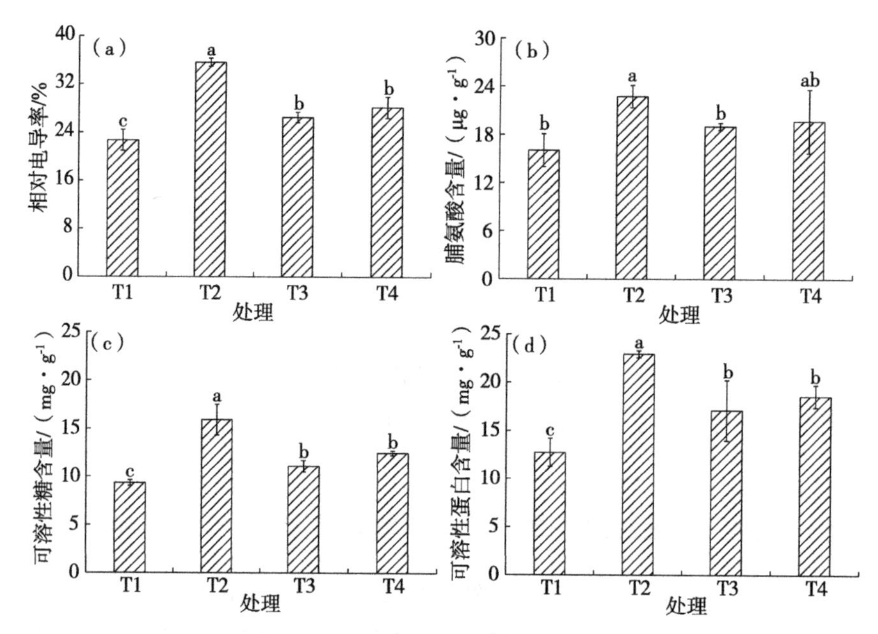

图 10-4　外源 GABA 对干旱胁迫下甘薯叶片渗透调节系统的影响

注：不同小写字母表示处理间差异显著（$P<0.05$）。

10.2.6　发源 GABA 对干旱胁迫下甘薯抗氧化酶活性的影响

由图 10-5 可知，干旱胁迫使甘薯叶片 3 种抗氧化酶 SOD、POD 和 CAT 活性降低。与 T1 处理相比，T2 处理使 SOD、POD 和 CAT 活性分别降低 32.7%、42.7% 和 35.9%，差异均达显著水平（$P<0.05$）。施用外源 GABA 使甘薯叶片 3 种抗氧化酶 SOD、POD 和 CAT 活性增加，与 T2 处理相比，T3 处理使 SOD、POD 和 CAT 活性分别增加 17.8%、37.8% 和 29.1%，差异显著（$P<0.05$）；T4 处理使 SOD、POD 和 CAT 活性分别增加 31.3%、50.2% 和 16.9%，差异显著（$P<0.05$）。从图 10-5 还可看出，施用低量

GABA 的 T3 处理，其 3 种抗氧化酶 SOD、POD 和 CAT 活性均显著低于 T1 处理，而施用高量 GABA 的 T4 处理，其 SOD、POD 活性与正常供水处理之间差异不显著（$P>0.05$），而 CAT 活性仍显著低于 T1 处理（$P<0.05$）；同时，甘薯叶片 3 种抗氧化酶 SOD、POD 和 CAT 活性在 T3、T4 处理之间差异也未达到显著水平（$P>0.05$）。

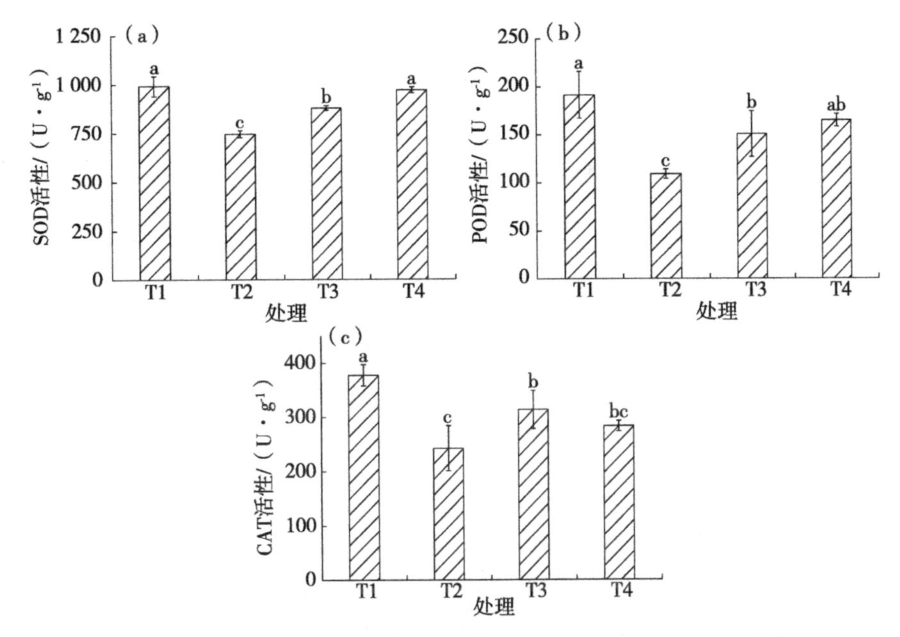

图 10-5　外源 GABA 对干旱胁迫下甘薯 SOD、POD 和 CAT 活性的影响

注：不同小写字母表示处理间差异显著（$P<0.05$）。

10.2.7　外源 GABA 对干旱胁迫下甘薯叶片叶绿素含量的影响

干旱胁迫下甘薯叶片叶绿素含量降低，施用 GABA 以后叶绿素含量升高（图 10-6）。由图 10-6a 可知，与 T1 处理相比，T2 处理甘薯叶片叶绿素 a 含量降低了 34.6%，差异显著（$P<0.05$）。与 T2 处理相比，T3 处理甘薯叶片叶绿素 a 含量增加了 20.0%，差异显著（$P<0.05$）；T4 处理甘薯叶片叶绿素 a 含量增加了 20.4%，差异显著（$P<0.05$）。

由图 10-6b 可以看出，与 T1 处理相比，T2 处理甘薯叶片叶绿素 b 含量降低了 17.9%，差异显著（$P<0.05$）。与 T2 处理相比，T3 处理甘薯叶片叶绿素 b 含量增加了 2.8%，差异不显著（$P>0.05$）；T4 处理甘薯叶片叶绿素 b 含量增加了 6.0%，差异不显著（$P>0.05$）。

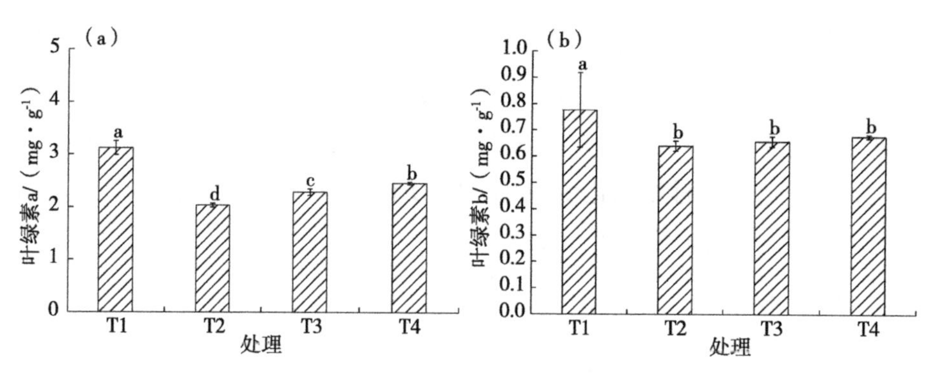

图 10-6 外源 GABA 对干旱胁迫下甘薯叶绿素的影响

注：不同小写字母表示处理间差异显著（$P<0.05$）。

由图 10-7 可知，与 T1 处理相比，T2 处理甘薯叶绿素 a/b 值降低了 15.6%，差异显著（$P<0.05$）。与 T2 处理相比，T3 处理甘薯叶绿素 a/b 值升高了 9.1%，差异显著（$P<0.05$）；T4 处理甘薯叶片叶绿素 a/b 值升高了 13.6%；差异显著（$P<0.05$）。甘薯叶片叶绿素 a/b 值随 GABA 用量的增加而增加，不同用量之间差异不显著（$P>0.05$）。

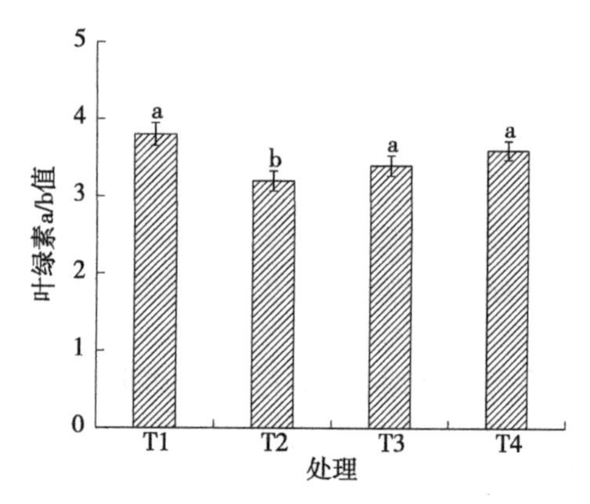

图 10-7 外源 GABA 对干旱胁迫下甘薯叶绿素 a/b 值的影响

注：不同小写字母表示处理间差异显著（$P<0.05$）。

10.2.8 外源 GABA 对干旱胁迫下甘薯叶片类胡萝卜素的影响

由图 10-8 可以看出，干旱胁迫会使甘薯叶片类胡萝卜素降低，与 T1 处理相比，T2 处理甘薯叶片类胡萝卜素降低了 45.54%，差异显著（$P<0.05$）。与 T2 处理相比，T3 处理甘薯叶片类胡萝卜素增加了 9.8%，差异显著（$P<0.05$）；T4 处理甘薯类胡萝卜素增加了 16.4%，差异显著（$P<0.05$）。

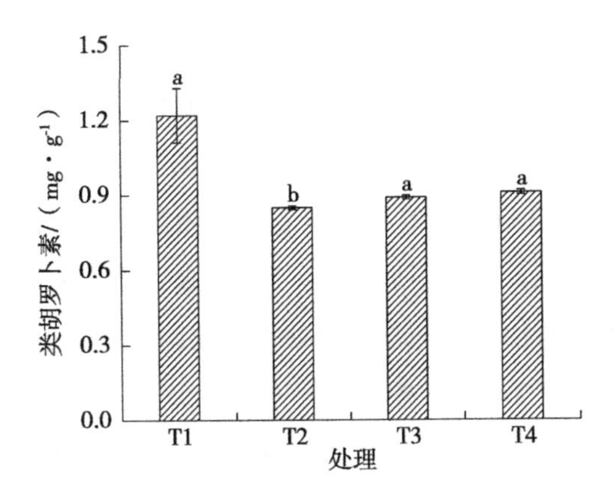

图 10-8　外源 GABA 对干旱胁迫下甘薯叶片类胡萝卜素的影响

注：不同小写字母表示处理间差异显著（P<0.05）。

10.2.9　外源 GABA 对干旱胁迫下甘薯光合生理参数的影响

干旱胁迫下甘薯的胞间二氧化碳浓度显著升高，而气孔导度、净光合速率、蒸腾速率、最大水分利用效率显著降低；而施用 GABA 之后，胞间二氧化碳浓度降低，气孔导度、净光合速率、蒸腾速率、最大水分利用效率不同程度地升高（图 10-9）。

由图 10-9a 可以看出，与正常供水处理相比，干旱胁迫下，甘薯气孔导度降低了 45.5%，差异显著（P<0.05）。而施用低量 GABA 后，与干旱胁迫处理相比，甘薯气孔导度增加了 27.1%；施用高量 GABA 后，甘薯气孔导度增加了 19.1%，差异均不显著（P<0.05）。气孔导度随着 GABA 用量的增加而呈现降低趋势。

由图 10-9b 可以看出，与正常供水处理相比，干旱胁迫下，甘薯胞间二氧化碳浓度升高了 21.6%，差异显著（P<0.05）。与干旱胁迫处理相比，施用低量 GABA 后，甘薯胞间二氧化碳浓度降低了 3.9%，差异不显著；施用高量 GABA 后，甘薯胞间二氧化碳浓度降低了 14.1%，差异显著（P<0.05）。

由图 10-9c 可以看出，与正常供水处理相比，干旱胁迫下，甘薯叶片净光合速率降低了 40.4 %，差异显著（P<0.05）。GABA 的施用可以促进净光合速率的升高。与干旱胁迫处理相比，施用低量 GABA 后，甘薯叶片的净光合速率增加了 14.6%，差异不显著；施用高量 GABA 后，甘薯叶片净光合速率增加了 3.1%，差异不显著。不同 GABA 用量处理之间差异不显著。

由图 10-9d 可以看出，与正常供水处理相比，干旱胁迫下，甘薯蒸腾速率降低了 47.8%，差异显著（$P<0.05$）。而施用 GABA 后，蒸腾速率表现出与气孔导度类似的趋势。与干旱胁迫处理相比，施用低量 GABA 后，甘薯叶片的蒸腾速率增加了 15.6%，差异不显著；施用高量 GABA 后，甘薯叶片的蒸腾速率增加了 13.0%，差异不显著。不同 GABA 用量处理之间差异不显著。

由图 10-9e 可以看出，与正常供水处理相比，干旱胁迫下，甘薯叶片的最大水分利用效率降低了 16.4%，差异显著（$P<0.05$）。与干旱胁迫处理相比，施用低量 GABA 后，甘薯最大水分利用效率升高了 15.6%，差异显著（$P<0.05$）；施用高量 GABA 后，甘薯最大水分利用效率升高了 4.3%，差异不显著。

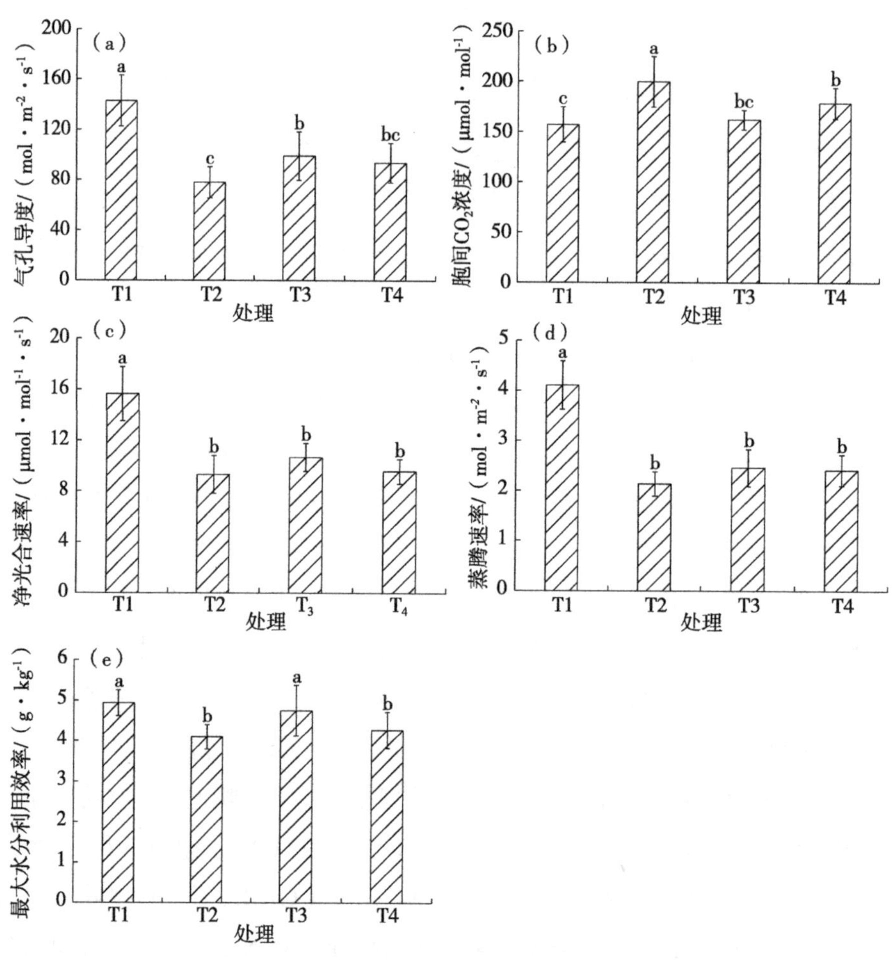

图 10-9　外源 GABA 对干旱胁迫下甘薯光合生理参数的影响

注：不同小写字母表示处理间差异显著（$P<0.05$）。

10.2.10 外源GABA对干旱胁迫下甘薯叶片荧光参数的影响

由图10-10a可以看出，与正常供水处理相比，干旱胁迫下，甘薯叶片初始荧光显著提高了63.0%，差异显著（$P<0.05$），与干旱胁迫处理相比，施用GABA后，甘薯叶片初始荧光分别降低了28.9%和23.5%，差异显著（$P<0.05$），这表明干旱胁迫对PS Ⅱ反应中心的破坏程度较大，而添加GABA后对PS Ⅱ反应中心起到保护作用，随着GABA用量的增加，F_0降低，证明GABA的添加对PS Ⅱ的保护能力增强，不同GABA用量之间差异不显著。

由图10-10b可以看出，与T1处理相比，T2处理甘薯F_v/F_m降低了19.2%，差异显著（$P<0.05$）。与T2处理相比，T3处理甘薯叶片F_v/F_m增加了11.2%，差异不显著；T4处理叶片F_v/F_m增加了35.3%，差异显著（$P<0.05$）。F_v/F_m的降低意味着甘薯在测量前经历了破坏PS Ⅱ功能和降低电子传递效率的干旱胁迫，在添加GABA后光合机构活性有所恢复，电子传递效率增加，且随着GABA用量的增加活性恢复能力提高，不同用量之间差异显著（$P<0.05$）。

由图10-10c可以看出，与T1处理相比，T2处理ABS/RC提高了7.9%，差异不显著；与T2处理相比，T3和T4处理ABS/RC分别降低31.1%和35.2%，差异显著（$P<0.05$）。干旱胁迫下叶绿素a含量降低，但是反应中心受到破坏，叶绿素a含量降幅更大，而GABA的施用可以促进叶绿素含量的升高，不同用量之间差异不显著。

由图10-10d可以看出，与T1处理相比，T2处理单位叶面积吸收的光能降低了12.2%，差异显著（$P<0.05$），与T2处理相比，T3处理单位叶面积吸收的光能增加了10.6%，差异不显著；T4处理甘薯单位叶面积吸收的光能增加了14.57%，差异显著（$P<0.05$）。表明施用GABA可以通过增加甘薯单位叶面积吸收光能来缓解干旱胁迫带来的损伤。

由图10-10e可以看出，与T1处理相比，T2处理甘薯叶片PI（ABS）降低了54.9%，差异显著（$P<0.05$）。与T2处理相比，T3处理甘薯PI（ABS）增加了41.7%，差异显著（$P<0.05$）；T4处理甘薯PI（ABS）增加了42.1%，差异显著（$P<0.05$）。可见，干旱胁迫会影响光合系统之间电

子链的传递，降低反应中心活性，而 GABA 的施用可以促进反应中心活性的升高，对电子链的传递具有积极影响。GABA 用量的增加能够促进活性的升高，不同用量之间差异不显著。

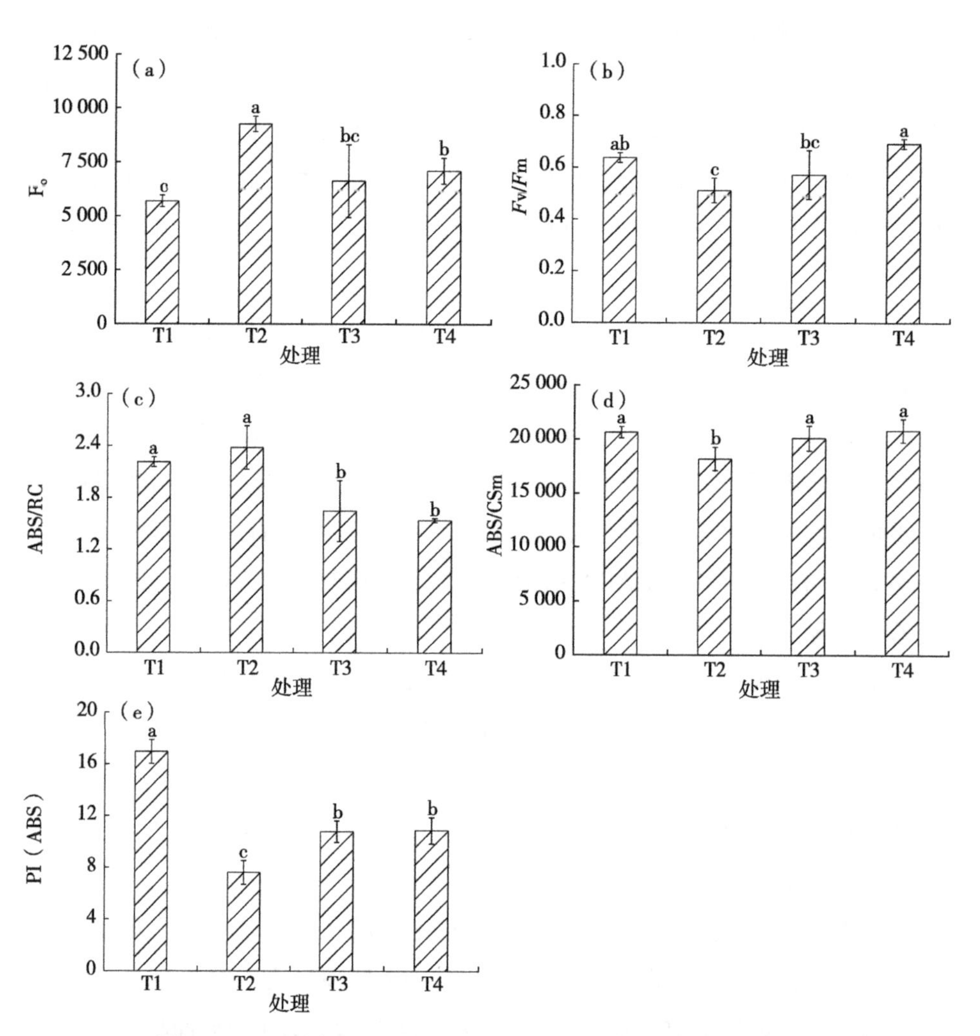

图 10-10　外源 GABA 对干旱胁迫下甘薯叶片荧光参数的影响

注：不同小写字母表示处理间差异显著（$P<0.05$）。

10.2.11　外源 GABA 对干旱胁迫下甘薯叶绿素荧光诱导动力学曲线的影响

OI 段表示的是从 PS Ⅱ 捕获激子到质体醌（PQ）还原的过程，在这期间，干旱胁迫下荧光强度显著降低，而 GABA 处理后的甘薯叶片在 J 步和 I 步（分别为 2 ms 和 30 ms）测量的荧光强度显著增加，且随着 GABA 用量的增加，荧光强度反而降低。此阶段荧光的增加与电子传递链受到损伤有关，施用 GABA 之后吸收的能量在 PS Ⅱ单元之间传输的效率升高，电子捕获增加，系统稳定性和能量利用率都有所升高。

IP 阶段反映了 PS Ⅱ反应中心的活性。由图 10-11 可以看出，与 T1 处理相比，T2 处理甘薯的最大吸收值 F_m（P 点）降低，表明干旱胁迫会使 PS Ⅱ反应中心受损严重，导致光合潜力下降。而施用 GABA 之后 P 点升高，表明 GABA 的施用能够使 PS Ⅱ反应中心的活性有所恢复，且随 GABA 施用量的提高，恢复能力增大，从而增强对光能的利用率，促进光合能力的提高。

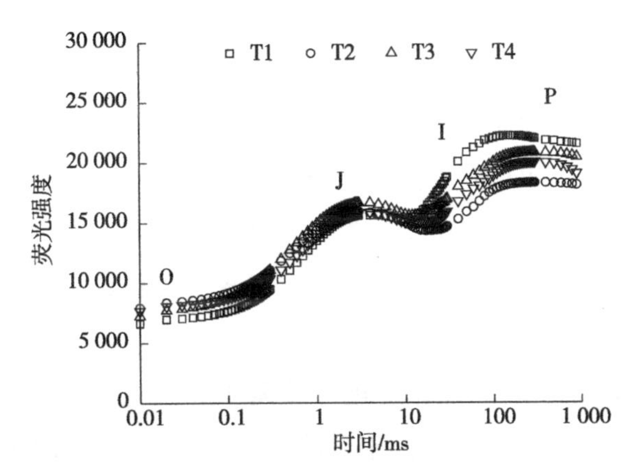

图 10-11　外源 GABA 对干旱胁迫下甘薯叶绿素荧光诱导动力学曲线的影响

10.3　讨论

生物量变化是作物遭受胁迫后最直观的表现，甘薯遭受干旱胁迫后，在形态和生理上会产生相应的变化（赵永长等，2016；Cho et al.，2016；Anupama et al.，2018）。本试验中在干旱胁迫条件下，甘薯的蔓长、叶面积及干物质积累均出现了显著降低，施用 GABA 处理甘薯的叶面积、地上部和地下部干物质积累与干旱胁迫处理相比均显著增加（表 10-1）。这是因为 GABA 能通过刺激细胞快速分裂促进甘薯生长，从而增加了作物的干物质积累（Bashir et al., 2021）。同时，施用外源 GABA 还可以调节地上部与地下部源－库关系来缓解干旱胁迫对甘薯生长的抑制作用，促进叶绿素含量的增加，增大光照吸收面积，促进光合作用，从而有利于地上部和地下部干物质的积累，这与王泳超等（2020）的研究结果相似。

GABA 的添加能够缓解干旱胁迫造成的生长抑制，促进甘薯的根系生长，具体表现在促进根系的伸长，增大根系与土壤的接触面积。随着 GABA 用量的增加，甘薯根系的根长和根表面积呈现升高趋势，GABA 通过根分生区新细胞数量的增加和伸长区细胞的轴向伸长，次生木质部、次生韧皮部的产生以及新周皮的更新使得根系不断增粗，成熟区根毛数量增加使得根系根尖数提高，最终根系的延长、增粗以及新根尖的生长增大了土壤与根系的接触面积，从而促进根系对水分的吸收。但是根体积和根尖数却随着 GABA 用量的增加而下降，表明高浓度 GABA 会对甘薯根系的生长产生负面影响。同样的结论在甜瓜上也得到了验证（于立尧，2018；冯棣等，2022）。吸收根活性的增加最终促进养分和光合产物向贮藏根转移和积累，从而提高产量，这表明甘薯生长早期的根系活力是实现产量提高所必需的（Ramamoorthy et al., 2022）。

施用外源 GABA 后叶片相对电导率降低，脯氨酸、可溶性糖和可溶性蛋白含量降低，表明甘薯受到干旱胁迫损伤减小。这与 Yang 等（2015）和 Zhang 等（2018）的研究一致。外源 GABA 的应用通过维持或改善细胞膜的完整性，降低了细胞膜透性和游离脯氨酸含量，缓解了干旱胁迫对甘薯叶片细胞膜的损伤（Chen et al., 2018；张海燕等，2020）。GABA 能够通过促进蛋白的转录增加脯氨酸和总糖含量来调节黑胡椒的渗透势（Vijayakumari and Puthur, 2016）。总之，施用 GABA 改善了溶质的积累，这些溶质使得甘薯在干旱胁迫下有着良好的保水能力，这对甘薯在胁迫条件下的生长有很大贡献。

在本研究中，干旱胁迫下甘薯叶片气孔闭合，气孔导度降低，光合作用减弱，胞间 CO_2 浓度升高，同时叶片蒸腾速率降低，导致吸收水分能力减弱，叶片的最大水分利用率降低；而施用外源 GABA 促进甘薯根系发育，根系吸收水分能力增强，气孔导度增加，光合作用增强，胞间 CO_2 浓度降低，促进气孔的张开使得蒸腾拉力增强，叶片的水分利用率也随之增强，证明外源 GABA 在一定程度上可以缓解干旱胁迫对甘薯叶片光合作用的影响。植物对缺水的第一反应是气孔关闭，以防止水分通过蒸腾作用流失（Pirasteh et al.，2016），而气孔限制通常被认为是干旱胁迫下光合色素减少进而影响光合作用的主要因素，因为可用的胞间二氧化碳浓度可能下降（Neves et al.，2019）。气孔导度的降低还与植物水分的调节密切相关，气孔关闭降低了蒸腾速率，吸水能力降低，在水分亏缺条件下会影响植物的水分利用效率（Zahra et al.，2021）。Kumar 等（2011）认为在干旱胁迫下叶绿素含量降低，因为干旱胁迫会导致气孔关闭、气体交换受限和叶面积减少，从而降低光合色素活性。因此，GABA 能够通过增加气孔导度，进而降低胞间二氧化碳浓度，提高蒸腾速率、净光合速率、水分利用效率来促进光合作用的进行，而气孔导度增加可能是因为 GABA 促进甘薯对钾元素的吸收，钾离子在气孔运动中扮演着重要的角色。

干旱胁迫能够影响甘薯叶片叶绿体对光能的吸收及传递，显著降低植物净光合速率，损伤叶片 PS Ⅱ潜在活性中心，光合作用的原初反应被抑制，反应中心性能指数的降低说明 PS Ⅰ、PS Ⅱ和系统间电子传递链的整体功能活性受阻，光合作用下降，植株生长受到抑制。本试验研究表明，干旱胁迫对甘薯幼苗的生物量、叶绿素含量、光合生理参数以及叶绿素荧光参数存在明显的抑制和伤害，而外源添加 GABA 后，干旱胁迫下甘薯幼苗的地上部干重、地下部干重、叶绿素含量、净光合速率、气孔导度、蒸腾速率、水分利用效率、光合电子传递速率得到明显提高，气孔限制值和非光化学猝灭系数降低，保持了较高的 PS Ⅱ光化学活性，缓解了甘薯幼苗生长受到的胁迫伤害。干旱胁迫下，外源施用 GABA 能够有效缓解甘薯幼苗生长受到的抑制，原因可能是它能够提高抗氧化酶活性，降低活性氧产生速率，阻止叶绿素分解，促进叶片净光合速率、最大光化学效率、光合电子传递速率以及光化学反应的进行，使 PS Ⅱ保持较高光化学活性（罗黄颖等，2011；Li et al.，2017）。

10.4 结论

干旱胁迫下施用外源 GABA 能够促进蔓长和叶面积的增加，地上部生物量增加，同时总根长、根表面积和根体积增大。此外，干旱胁迫下施用外源 GABA 能够降低细胞膜透性，提高细胞质浓度从而减少干旱胁迫对细胞膜的损伤；施用外源 GABA 通过提高 SOD、POD 和 CAT 3 种抗氧化酶的活性，去除过量的活性氧物质，降低膜脂过氧化作用。再者，干旱胁迫下施用外源 GABA 能够提高甘薯叶片叶绿素 a、叶绿素 b 和类胡萝卜素含量，增加气孔导度，提高蒸腾速率，降低胞间 CO_2 浓度，提高净光合速率，从而提高干旱胁迫下甘薯的光合作用。叶绿素荧光参数与荧光动力曲线进一步表明，施用 GABA 能够提高 PS Ⅱ反应中心活性，增强甘薯叶片对光能的利用效率。

11

有机无机配施对甘薯干旱胁迫的缓解作用

有机无机配施可以增强作物抵抗逆境的能力，在作物受到干旱胁迫时，有机无机配施能够有效地协调叶片抗氧化酶、光合色素、渗透调解物质等以保证作物的正常生长。研究表明，化肥配施有机肥可显著提高花生叶片中SOD、CAT活性，同时使MDA的积累量降低；此外，施用生物有机肥可有效增强生姜叶片光合能力，同时也提高了其抗逆能力。生物有机肥配施化肥可增加木薯叶片可溶性蛋白、可溶性糖含量，从而有利于木薯块根的发育和淀粉的形成。然而，有机无机配施提高作物抗旱性在甘薯上鲜有报道。因此，本研究从甘薯生产中常见的干旱导致的产量和品质下降问题入手，研究不同水分条件下有机无机配施对鲜食型甘薯抗旱性的影响，为甘薯抗旱栽培提供理论依据。

11.1 材料与方法

11.1.1 供试材料与试验设计

于2019年在山东省莱阳市胡城村开展田间试验，土壤类型为风沙土，土壤较贫瘠且保水保肥能力差，土壤有机质5.31 g·kg^{-1}、碱解氮44.19 mg·kg^{-1}、有效磷7.65 mg·kg^{-1}、速效钾30.33 mg·kg^{-1}。

试验设置4个处理（表11-1），分别为：正常水分条件，单施化肥处理（T_1）；正常水分条件，有机无机配施处理（T_2）；干旱胁迫处理，单施化肥处理（T_3）；干旱胁迫处理，有机无机配施处理（T_4）。其中，单施化肥处理肥料用量为40 kg·亩$^{-1}$［NPK三元素复合肥（15-9-21）］，有机无机配施处理肥料用量为1 000 kg·亩$^{-1}$（有机质50.6%、全氮3.1%、全磷0.63%、全钾1.28%），有机肥中碱解氮当季矿化率按20%计算，有机无机配施按照等氮量替代。另外，为保证甘薯正常生长发育，甘薯整个生育期间保证土壤相对含水量在50%～70%，正常水分处理整个生育期共灌溉6次，灌水量为40 m^3·亩$^{-1}$，干旱胁迫处理每次灌溉量减半。试验小区长9 m、宽4.2 m，面积为37.8 m^2；移栽时株距0.22 m、垄距0.70 m，每小区6垄。每个处理重复3次，随机区组排列。

表11-1 各处理施肥和灌溉量

处理	化肥用量/（kg·亩$^{-1}$）	有机肥用量/（kg·亩$^{-1}$）	灌溉量/(m^3·亩$^{-1}$)
T_1	40	0	40
T_2	20	1 000	40
T_3	40	0	20
T_4	20	1 000	20

11.1.2 测定项目与方法

（1）可溶性糖含量。称取甘薯叶片干样0.2 g，用80%的乙醇振荡提取，过滤，吸取一定量滤液采用蒽酮比色法，用分光光度计测定吸光度。

（2）维生素C含量。采用2, 6-二氯靛酚滴定法。称取100 g样品并加入100 mL 2%的草酸溶液于匀浆机匀浆，称取20 g匀浆于100 mL容量瓶中，若有泡沫加入1～2滴正辛醇，再用草酸定容，过滤，若滤液有颜色，每克样品加0.4 g白陶土脱色，过滤，吸取10 mL滤液，用标定过的2, 6-二氯靛酚滴定，溶液呈粉色15 s不褪色。

（3）叶绿素含量。采用分光光度法测定，用95%的乙醇提取，于波长643 nm测定叶绿素b含量、波长663 nm测定叶绿素a含量、波长653 nm测定叶绿素a、b总量。

（4）SOD、POD、CAT、MDA。采用试剂盒测定，所用试剂盒购于南京建成生物工程研究所。

11.2 结果与分析

11.2.1 有机无机配施对甘薯产量及产量构成要素的影响

干旱胁迫处理显著降低了单株结薯数、平均薯块重，最终导致薯块产量下降，有机无机配施处理产量及产量构成要素最优。单施化肥条件下，正常水分条件和干旱胁迫处理各产量及产量构成要素指标差异显著（P<0.05），与 T_1 处理相比，T_3 处理单株结薯数下降 21.43%，其平均薯块重下降 10.89%，薯块产量下降 29.99%；有机无机配施条件下，T_2、T_4 处理各产量及产量构成要素指标差异也达显著水平（P<0.05），T_4 处理单株结薯数下降 15.72%，平均薯块重下降 7.20%，薯块产量下降 25.25%（表 11-2）。可见，有机无机配施处理比单施化肥处理更有效地缓解了干旱胁迫。

表 11-2　有机无机配施对甘薯产量及其构成要素的影响

处理	单株结薯数/（个·株$^{-1}$）	平均薯块重/（g·块$^{-1}$）	薯块产量/（kg·亩$^{-1}$）
T_1	4.48b	202.07a	3 017.39b
T_2	5.09a	203.2a	3 450.43a
T_3	3.52c	180.07c	2 112.61d
T_4	4.29bc	188.56b	2 579.33c

注：数据格式为平均值，不同小写字母表示处理间差异显著（P<0.05）。

11.2.2　有机无机配施对甘薯根系形态学参数的影响

甘薯总根长、总表面积、平均直径、根系总体积、根尖数等指标随着时间的延长均呈现不断增加的趋势，与正常水分条件相比，干旱胁迫使根系各形态学参数均有所下降（表 11-3）。单施化肥处理下，T_1、T_3 处理不同采样时期根系各形态学参数差异显著（P<0.05）；有机无机配施处理下，T_2、T_4 处理不同采样时期根系各形态学参数差异显著（P<0.05）。有机无机配施在一定程度上缓解了干旱胁迫对甘薯根系发育的影响。

表 11-3　有机无机配施对甘薯根系形态学参数的影响

栽植天数	处理	总根长/cm	总表面积/cm^2	平均直径/mm	根系总体积/cm^3	根尖数/个
15 d	T_1	1 197.65a	161.67b	0.51a	1.89b	1 625b
	T_2	1 209.31a	183.06a	0.55a	2.12a	1 986a
	T_3	632.19c	95.30d	0.36b	0.76c	1 107d
	T_4	751.58b	110.03c	0.40b	0.89c	1 354c

续表

栽植天数	处理	总根长/cm	总表面积/cm^2	平均直径/mm	根系总体积/cm^3	根尖数/个
30 d	T_1	3 442.14a	549.28a	0.58a	10.02a	10 345b
	T_2	3 421.02a	567.21a	0.61a	10.21a	12 167a
	T_3	1 580.23c	359.32b	0.47b	6.77c	4 231d
	T_4	1 671.11b	387.13b	0.50b	8.28b	6 219c
50 d	T_1	7 001.45a	1 570.86b	2.02a	27.19b	15 378b
	T_2	6 972.13a	1 687.31a	2.13a	29.30a	17 234a
	T_3	3 129.17c	842.48d	1.42c	19.16d	7 943d
	T_4	3 513.26b	973.16c	1.63b	22.14c	9 876c

注：数据格式为平均值，不同小写字母表示处理间差异显著（$P<0.05$）。

11.2.3 有机无机配施对甘薯叶片含水量的影响

干旱胁迫处理使叶片含水量、相对含水量降低，叶片水分饱和亏增加。单施化肥条件下，T_1、T_3处理在薯块膨大期和薯蔓并长期各指标差异显著（$P<0.05$）（表11-4），与T_1处理相比，T_3处理叶片含水量分别降低46.42%和41.68%，相对含水量分别降低33.29%和15.99%，水分饱和亏增加16.23%和49.98%；有机无机配施条件下，T_2、T_4处理不同采期各指标差异显著（$P<0.05$）（表11-4），与T_2处理相比，T_4处理叶片含水量分别降低22.34%和35.01%，叶片相对含水量分别降低23.31%和15.63%，水分饱和亏分别增加14.45%和50.10%。

表11-4　有机无机配施对甘薯叶片含水量的影响　　单位：%

时期	处理	含水量	相对含水量	水分饱和亏
薯块膨大期	T_1	84.01a	88.01a	11.99c
	T_2	84.14a	89.22a	10.78 d
	T_3	80.11c	85.03c	14.97a
	T_4	82.26b	87.14b	12.86b
薯蔓并长期	T_1	83.02a	86.03b	13.97c
	T_2	83.13a	87.24a	12.66d
	T_3	79.56b	72.07d	27.93a
	T_4	80.22b	74.63c	25.37b

注：数据格式为平均值，不同小写字母表示处理间差异显著（$P<0.05$）。

11.2.4 有机无机配施对甘薯叶片渗透调节物质的影响

与正常水分条件相比，干旱胁迫下甘薯叶片中可溶性糖含量显著增加，单施化肥处理，T_1、T_3 处理差异显著（$P<0.05$）（表 11–5），与 T_1 处理相比，T_3 处理增加 17.23%；有机无机配施处理，与 T_2 处理相比，T_4 处理增加 21.63%。干旱胁迫处理使甘薯叶片可溶性蛋白含量显著增加，单施化肥处理，T_1、T_3 处理差异显著（$P<0.05$）（表 11–5），与 T_1 处理相比，T_3 处理增加 12.68%；有机无机配施处理，与 T_2 处理相比，T_4 处理增加 14.48%。单施化肥处理，与 T_1 处理相比，T_3 处理维生素 C 含量增加 15.79%；有机无机配施处理，T_2 处理和 T_4 处理差异显著（$P<0.05$）（表 11–5），与 T_2 处理相比，T_4 处理增加 22.21%。

表 11–5　有机无机配施对甘薯叶片渗透调节物质的影响

处理	可溶性糖/($g \cdot kg^{-1}$)	可溶性蛋白/($mg \cdot g^{-1}$)	维生素 C/($g \cdot 100\ g^{-1}$)
T_1	13.45c	20.10 d	12.32c
T_2	14.05c	22.39c	13.66bc
T_3	16.25b	23.02b	14.63b
T_4	17.93a	26.18a	17.56a

注：数据格式为平均值，不同小写字母表示处理间差异显著（$P<0.05$）。

11.2.5 有机无机配施对甘薯叶绿素含量影响

单施化肥条件下，T_1、T_3 处理叶片叶绿素含量差异显著（$P<0.05$）（表 11–6），与 T_1 处理相比，T_3 处理叶绿素 a 降低 32.87%，叶绿素 b 降低 7.37%，叶绿素 a+b 降低 28.05%，叶绿素 a/b 值降低 27.51%；有机无机配施处理各指标也达显著差异水平（$P<0.05$）（表 11–6），T_4 处理叶绿素 a 含量降低 26.66%，叶绿素 b 含量降低 6.21%，叶绿素 a+b 降低 22.95%，叶绿素 a/b 值降低 21.90%。与单施化肥处理相比，有机无机配施处理有效缓解了因干旱胁迫对甘薯叶片光合色素造成的不利影响。

表 11-6　有机无机配施对甘薯功能叶片叶绿素含量的影响

处理	叶绿素 a/（$mg \cdot g^{-1}$）	叶绿素 b/（$mg \cdot g^{-1}$）	叶绿素 a+b/（$mg \cdot g^{-1}$）	叶绿素 a/b 值
T_1	12.23b	2.85a	15.08b	4.29b
T_2	13.84a	3.06a	16.9a	4.52a
T_3	8.21 d	2.64b	10.85d	3.11d
T_4	10.15c	2.87b	13.02c	3.53c

注：不同小写字母表示处理间差异显著（$P<0.05$）。

11.2.6　有机无机配施对甘薯叶片抗氧化酶活性的影响

与正常水分条件相比，干旱胁迫处理显著增加烟薯 25 号叶片 SOD 活性。有机无机配施处理，T_2、T_4 处理达显著差异水平（$P<0.05$），与 T_2 处理相比，T_4 处理 SOD 活性提高 15.30%；T_1 和 T_3 处理也达显著差异水平（$P<0.05$），T_3 处理增加 12.96%。可见，与单施化肥相比，有机无机配施更利于提高干旱条件下 SOD 活性，增强甘薯抗旱能力（图 11-1）。

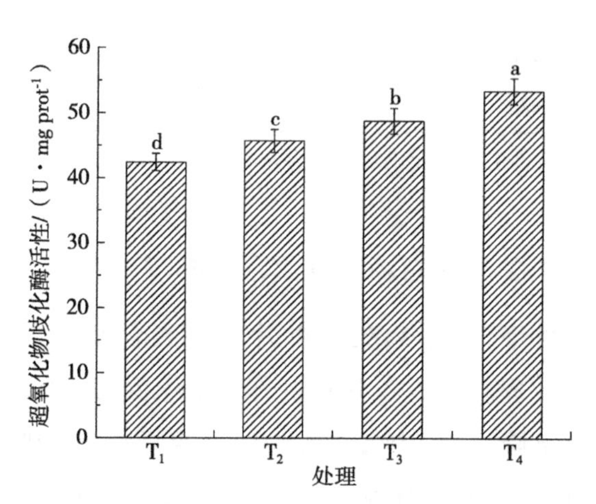

图 11-1　有机无机配施对甘薯叶片超氧化物歧化酶活性的影响

注：不同小写字母表示处理间差异显著（$P<0.05$）。

正常水分条件下 CAT 活性显著低于干旱胁迫条件，T_1、T_3 处理和 T_2、T_4 处理均达显著差异水平（$P<0.05$）（图 11-2）。单施化肥处理下，与 T_1 处理相比，T_3 处理增加 24.34%；有机无机配施处理，T_4 处理增加 31.42%。

可以看出，干旱胁迫条件下，与单施化肥处理相比，有机无机配施处理更有利于提高CAT活性。

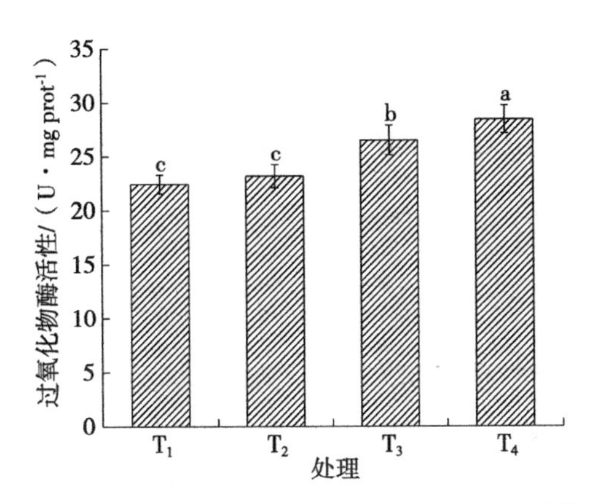

图 11-2 有机无机配施对甘薯叶片过氧化物酶活性的影响

注：不同小写字母表示处理间差异显著（P<0.05）。

与正常水分条件相比，干旱胁迫使甘薯叶片POD活性升高。单施化肥处理下，与T_1处理相比，T_3处理POD活性增加15.83%，差异显著（P<0.05）；有机无机配施处理，T_2、T_4处理差异显著（P<0.05），与T_2处理相比，T_4处理增加18.23%。因此，有机无机配施处理能更显著地提高甘薯叶片POD活性（图 11-3）。

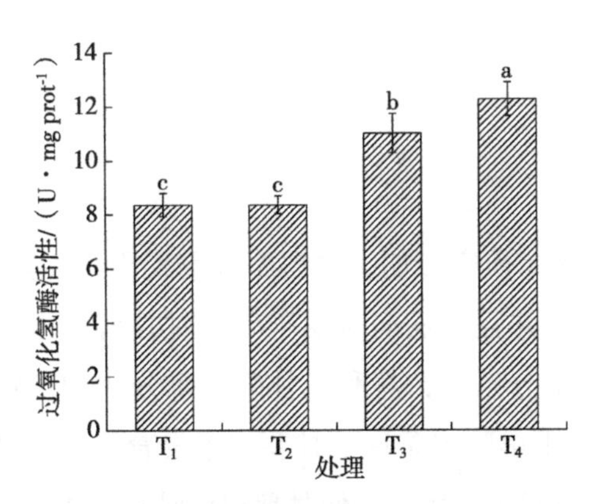

图 11-3 有机无机配施对甘薯叶片过氧化氢酶活性的影响

注：不同小写字母表示处理间差异显著（P<0.05）。

与正常水分条件相比，干旱胁迫使烟薯25号叶片MDA含量显著增加。

单施化肥处理下，T_1、T_3处理差异显著（$P<0.05$），与T_1处理相比，T_3处理MDA含量增加51.73%；有机无机配施处理下，T_2、T_4处理达显著差异水平（$P<0.05$），与T_2处理相比，T_4处理增加44.94%。综上可知，与单施化肥处理相比，有机无机配施处理可有效缓解甘薯叶片MDA含量的积累，减轻MDA积累对生物膜造成的损伤（图11-4）。

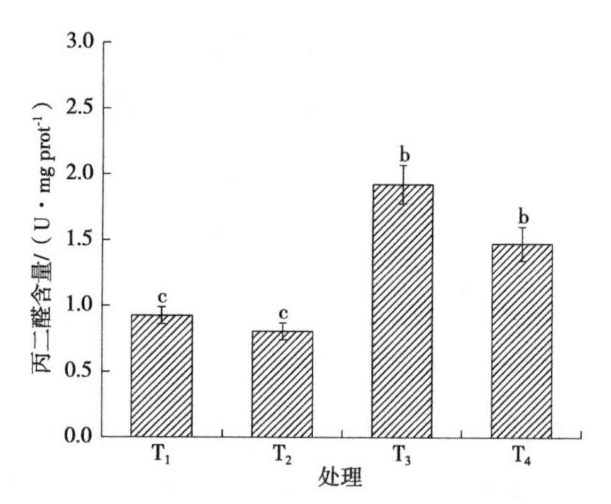

图11-4 有机无机配施对甘薯叶片丙二醛含量的影响

注：不同小写字母表示处理间差异显著（$P<0.05$）。

11.3 讨论

李长志等（2016）研究表明，甘薯生长前期干旱，其总根长、根体积、根表面积显著降低，并且在任何时期干旱均对甘薯产量产生不利影响。本研究表明，充足的水分条件，有利于甘薯根系分化和产量形成；许育彬等（2004）研究表明，干旱胁迫条件下甘薯根系发育迟缓，结薯延迟；适宜的水肥条件有利于甘薯根系发育，并使甘薯提前结薯。本研究表明，干旱胁迫条件下甘薯总根长、总表面积、根系总体积、根尖数、平均直径显著低于正常水分条件，正常水分条件下单施化肥和有机无机配施前期根系发育指标差异较小，而后期产量差异较大；干旱胁迫条件下有机无机配施前期根系各指标以及收获期产量优于单施化肥。可能原因：正常水分条件下有机肥和化肥均为甘薯前期根系生长发育提供了充足的水肥条件，而生长后期有机无机配施仍然保持较高养分含量，单施化肥处理很容易导致后期养分供应不足；干旱条件下，有机无机配施不但肥力充足，还可能提高土壤保水能力，缓解了干旱条件，更有利于根系生长，也促进其产量形成，而单施化肥仅提供充足肥力，水分供应不充足，影响甘薯块根分化和产量形成。

干旱胁迫条件使甘薯叶片含水量降低，单施化肥和有机无机配施处理在各个时期差异显著；正常水分条件下，有机无机配施处理叶片含水量在薯蔓并长期显著高于单施化肥处理，但在薯块膨大期两者未表现出显著差异。可能原因：配施生物有机肥使叶片渗透势增加，使叶片水分保持相对平衡；而单施化肥可能造成叶片细胞壁变薄，保水力弱。具体原因有待进深入研究（彭素琴等，2010）。

相同水分条件下，以有机无机配施 3 种渗透调节物质含量较高；相同施肥处理下，干旱胁迫条件下其含量显著高于正常水分条件。研究表明，作物遭受逆境时可溶性糖、可溶性蛋白含量升高，可减少叶片失水，维持作物正常生殖生长，而施用生物有机肥可提高甘薯叶片中可溶性糖和可溶性蛋白含量，对作物抵御逆境有一定促进作用，本研究与刘仁建等（2013）和贾乐等（2017）的研究结果相似。也有研究表明，随干旱胁迫程度的加深白菜叶片中 3 种渗透调节物质含量呈现减少的趋势（杨碧云等，2018），与本研究结果存在差异，可能是适度干旱使可溶性糖、可溶性蛋白、维生素 C 含量增加，重度干旱使作物渗透调节失调所致。

本研究中，干旱胁迫处理甘薯叶片 SOD、POD、CAT 活性显著提高，这与张明生等（2006）、裴斌等（2013）的研究结果一致；相同水分处理下，有机无机配施处理比单施化肥处理更进一步提高了这 3 种酶活性，生物有机肥中的功能菌，对作物抗氧化酶活性有提升的作用，使甘薯抵抗逆境胁迫的能力进一步增强。干旱胁迫条件下甘薯叶片 MDA 含量显著高于正常水分条件，而有机无机配施处理 MDA 含量要低于单施化肥处理，说明干旱胁迫处理甘薯叶片细胞受到损伤，施用生物有机肥可有效缓解甘薯耐旱机能，增强甘薯抵御干旱的能力。

11.4 结论

干旱胁迫条件下，有机无机配施不仅显著提高了甘薯叶片的保水性，有效减少了叶片水分散失，而且改善了根区土壤环境，促进了根系生长与产量形成。此外，有机无机配施显著提高了叶片中可溶性糖、可溶性蛋白和维生素 C 含量，这些成分对于维持细胞膨压和正常的生理代谢活动至关重要。再者，有机无机配施显著提高了叶片抗氧化酶活性，降低了丙二醛的累积，显著增强了甘薯的抗旱性。

参考文献

安东升，曹娟，黄小华，等，2015. 基于 Lake 模型的叶绿素荧光参数在甘蔗苗期抗旱性研究中的应用[J]. 植物生态学报，39(4)：398–406.

安玉艳，梁宗锁，2012. 植物应对干旱胁迫的阶段性策略[J]. 应用生态学报，23(10)：2907–2915.
安玉艳，梁宗锁，2012. 植物应对干旱胁迫的阶段性策略[J]. 应用生态学报，23(10)：2907–2915.
白志英，李存东，赵金锋，等，2011. 干旱胁迫对小麦代换系叶绿素荧光参数的影响及染色体效应初步分析[J]. 中国农业科学，44(1)：47–57.

鲍士旦，2000. 土壤农化分析[M]. 3 版 . 北京：中国农业出版社：60–200.

蔡庆生，2013. 植物生理学实验[M]. 北京：中国农业大学出版社：65–76.

陈娟，贺锦红，刘吉利，等，2020. 半干旱区不同种植模式对马铃薯淀粉形成及产量的影响[J]. 作物杂志，196(3)：169–176.

谌端玉，欧静，王丽娟，等，2016. 干旱胁迫对接种 ERM 真菌桃叶杜鹃幼苗叶绿素含量及荧光参数的影响[J]. 南方农业学报，47(7)：1164–1170.

陈露露，王秀峰，刘美，等，2016. 外源钙对干旱胁迫下黄瓜幼苗叶片膜脂过氧化和光合特性的影响[J]. 山东农业科学，48(4)：28–33.

杜清洁，代侃韧，李建明，等，2016. 亚低温与干旱胁迫对番茄叶片光合及荧光动力学特性的影响[J]. 应用生态学报，26(6)：1687–1694.

杜召海，汪宝卿，解备涛，等，2014. 模拟干旱条件下生长调节剂对夏薯苗期根系生理生化特性的影响[J]. 西北农业学报，23(10)：97–104.

段留生，田晓莉，2005. 作物化学控制原理与技术[M]. 北京：中国农业大学出版社：40–45.

方强飞，2014. 基于中分辨率遥感数据的全国小麦主产区干旱及对小麦产量影响研究[D]. 南京：南京大学 .

冯棣，高倩，崔凯，等，2022. 盐分胁迫下喷施 γ– 氨基丁酸对水稻秧苗生长的影响[J]. 中国稻米，28(6)：43–48.

高杰，张仁和，王文斌，等，2015. 干旱胁迫对玉米苗期叶片光系统Ⅱ性能的影响[J]. 应用生态学报，26(5)：1391–1396.

龚秋，王欣，后猛，等，2015. 干旱胁迫对不同品系紫甘薯光合特性及干物质积累的影响[J]. 华北农学报，30(3)：111–116.

关军锋，李广敏，2002. 干旱条件下施肥效应及其作用机理[J]. 中国生态农业学报，10（1）：63-65.
郭春芳，孙云，唐玉海，等，2009. 水分胁迫对茶树叶片叶绿素荧光特性的影响[J]. 中国生态农业学报，17（3）：560-564.
韩希英，宋凤斌，2006. 干旱胁迫对玉米根系生长及根际养分的影响[J]. 水土保持学报，20（3）：170-172.
何冰，许鸿源，陈京，1997. 干旱胁迫对甘薯叶片质膜透性及抗氧化酶类的影响[J]. 基因组学与应用生物学，16（4）：287-290.
何钟佩，闵祥佳，李丕明，等，1990. 植物生长延缓剂 DPC 对棉铃内源激素水平和棉铃发育影响的研究 [J]. 作物学报，16（3）：252-258.
侯夫云，陈桂玲，董顺旭，等，2022. 不同品种甘薯淀粉组分、物化及粉条品质的比较研究[J]. 核农学报，36（2）：392-401.
黄明丽，邓西平，白登忠，2002. N、P 营养对旱地小麦生理过程和产量形成的补偿效应研究进展[J]. 麦类作物学报，22（4）：74-78.
霍丹丹，2017，干旱胁迫对马铃薯淀粉积累及关键酶活性的影响[D]. 哈尔滨：东北农业大学 .
冀天会，张灿军，杨子光，等，2005. 冬小麦叶绿素荧光参数与品种抗旱性的关系[J]. 麦类作物学报，25（4）：64-66.
贾慧，其力木格，李特日根，等，2016. 外源 SNP 对干旱胁迫下不同马铃薯品种叶片抗氧化酶活性的影响[J]. 西北植物学报，36（3）：551-557.
贾乐，刘海英，刘宁，等，2017. 生物有机肥对盐胁迫下小麦幼苗叶片膜脂过氧化的影响[J]. 湖北农业科学，56（11）：2025-2027.
井大炜，邢尚军，杜振宇，等，2013. 干旱胁迫对杨树幼苗生长、光合特性及活性氧代谢的影响[J]. 应用生态学报，24（7）：1809-1816.
井水华，范建芝，黄成星，等，2017. 鲁南丘陵瘠薄地氮肥用量对甘薯生长和产量的影响[J]. 山东农业科学，49（4）：84-88.
康雪蒙，薄晋芳，马梦影，等，2023. 淀粉合成基因与水稻胶稠度、糊化温度和直链淀粉含量相关性分析[J]. 东北农业科学，48（1）：1-4，29.
李德全，邹琦，程炳嵩，1990. 抗旱性不同的小麦叶片的渗透调节与水分状况的关系[J]. 植物学报，7（4）：43–48.
李良俊，潘恩超，许超，等，2006. 莲藕膨大过程中内源激素、水杨酸和多胺含量的变化[J]. 园艺学报，33（5）：1106-1108.
刘家尧，刘新，2010. 植物生理学实验教程[M]. 北京：高等教育出版社：96-106.
李世娟，周殿玺，李建民，2001. 限水灌溉下不同氮肥用量对小麦产量及氮素分配利用的影响[J]. 华北农学报，16（3）：86-91.

李文卿，潘廷国，柯玉琴，等，1999. 土壤水分胁迫对甘薯光合作用的影响及其与耐旱性的关系[J]. 福建农业大学学报，28（3）：263-267.

李文绕，张岁岐，丁圣彦，等，2010. 干旱胁迫下紫花苜蓿根系形态变化及与水分利用的关系[J]. 生态学报，30（19）：5140-5150.

李长志，李欢，刘庆，等，2016a. 不同生长时期干旱胁迫甘薯根系生长及荧光生理的特性比较[J]. 植物营养与肥料学报，22（2）：511-517.

李长志，李欢，刘庆，等，2016b. 干旱胁迫后供水与施氮对甘薯生长与产量的影响[J]. 江苏师范大学学报（自然科学版），34（4）：29-32.

李志军，罗青红，伍维模，等，2009. 干旱胁迫对胡杨和灰叶胡杨光合作用及叶绿素荧光特性的影响[J]. 干旱区研究，26（1）：45-52.

梁鹏，邢兴华，周琴，等，2011. α－萘乙酸对干旱和复水处理下大豆幼苗生长和光合作用的影响[J]. 大豆科学，30（1）：50-55.

梁新华，史大刚，2006. 干旱胁迫对光果甘草幼苗根系 MDA 含量及保护酶 POD、CAT 活性的影响[J]. 干旱地区农业研究，24（3）：108-110.

刘梦云，毛雪飞，门福义，等，1997. 马铃薯块茎内源激素变化与块茎增大生长的相关规律[J]. 华北农学报，12（2）：86-92.

刘仁建，唐亚伟，原红军，等，2013. 干旱胁迫时青稞叶片可溶性糖含量变化研究[J]. 西藏农业科技，35（4）：9-11.

刘颖慧，高琼，贾海坤，2006. 半干旱地区 3 种植物叶片水平的抗旱耐旱特性分析：两个气孔导度模型的应用和比较[J]. 植物生态学报，30（1）：64–70.

罗黄颖，高洪波，夏庆平，等，2011. γ- 氨基丁酸对盐胁迫下番茄活性氧代谢及叶绿素荧光参数的影响[J]. 中国农业科学，44（4）：753-761.

罗玉，2021. 凉粉草多糖对不同直链含量玉米淀粉凝胶特性的影响及凉粉草布丁产品的研发[D]. 南昌：南昌大学 .

马代夫，李强，曹清河，等，2012. 中国甘薯产业及产业技术的发展与展望[J]. 江苏农业学报，28（5）：969-973.

马富举，李丹丹，蔡剑，等，2012. 干旱胁迫对小麦幼苗根系生长和叶片光合作用的影响[J]. 应用生态学报，23（3）：724-730.

宁运旺，马洪波，张辉，等，2015. 甘薯源库关系建立、发展和平衡对氮肥用量的响应[J]. 作物学报，41（3）：432-439.

裴斌，张光灿，张淑勇，等，2013. 土壤干旱胁迫对沙棘叶片光合作用和抗氧化酶活性的影响[J]. 生态学报，33（5）：1386-1396.

彭素琴，胡国珠，谢双喜，2010. 干旱胁迫对金银花叶片水分状况的影响[J]. 贵州农业科学，38（11）：89-92.

蒲光兰，周兰英，胡学华，等，2005. 干旱胁迫对金太阳杏叶绿素荧光动力学参数的影响[J]. 干旱地区农业研究，23（3）：44-48.
綦伟，谭浩，翟衡，2006. 干旱胁迫对不同葡萄砧木光合特性和荧光参数的影响[J]. 应用生态学报，17（5）：835-838.
权宝全，吕瑞洲，王贵江，2019. 不同施氮量对甘薯生长发育及产量的影响[J]. 东北农业科学，44（6）：14-17.
山仑，1994. 植物水分利用效率和半干旱地区农业用水[J]. 植物生理学通讯，24（1）：61-66.
尚小颖，刘化冰，张小全，等，2010. 干旱胁迫对不同烤烟品种根系生长和生理特性的影响[J]. 西北植物学报，30（2）：357-361.
史春余，张晓冬，张超，等，2010. 甘薯对不同形态氮素的吸收与利用[J]. 植物营养与肥料学报，16（2）：389-394.
史普想，秦欣，刘盈茹，等，2016. 干旱胁迫下冠菌素（COR）对花生幼苗叶片抗氧化酶活性及细胞膜透性的影响[J]. 花生学报，45（4）：30-35.
孙景宽，张文辉，陆兆华，等，2009. 干旱胁迫下沙枣和孩儿拳头叶绿素荧光特性研究[J]. 植物研究，29（2）：216-223.
孙哲，田昌庚，陈路路，等，2021. 氮钾配施对甘薯茎叶生长、产量形成及干物质分配的影响[J]. 中国土壤与肥料（4）：186-191.
孙志勇，季孔庶，2010. 干旱胁迫对杂交鹅掌楸无性系光合特性的影响[J]. 北方园艺，3（2）：86-89.
唐晓川，张元成，钟秀丽，等，2014. 水杨酸和 α- 萘乙酸浸种对冬小麦幼苗抗旱性的影响[J]. 中国农业气象，35（2）：162-167.
唐忠厚，李洪民，张爱君，等，2011. 施钾对甘薯常规品质性状及其淀粉 RVA 特性的影响[J]. 浙江农业学报，23（1）：46-51.
汪云，陈胜勇，2011. 甘薯抗旱性研究进展[J]. 广东农业科学，38（11）：12-19.
王海波，王帅，王孝娣，等，2017. 光质对设施葡萄叶片衰老与内源激素含量的影响[J]. 应用生态学报，28（11）：3535-3543.
王军，陈帆，温明霞，等，2017. 6-BA 处理对烤烟耐旱性的影响[J]. 作物研究，31（2）：142-145.
王庆美，张立明，王振林，2005. 甘薯内源激素变化与块根形成膨大的关系[J]. 中国农业科学，38（12）：2414-2420.
王绍华，曹卫星，丁艳锋，等，2004. 水氮互作对水稻氮吸收与利用的影响[J]. 中国农业科学，37（4）：497-501.
王娇，李雪华，戴习彬，等，2017. 模拟干旱对甘薯近缘野生种 [*Ipomoea trifida*（Kunth）G. Don] 生理特性和基因表达谱的影响[J]. 植物生理学报，53（5）：881-888.

王晓娇，蒙美莲，曹春梅，等，2018. 水分胁迫对马铃薯出苗期根系生理特性及内源激素 IAA、ABA 含量的影响[J]. 东北师大学报（自然科学版），50（2）：103-109.
王欣，李强，曹清河，等，2021. 中国甘薯产业和种业发展现状与未来展望[J]. 中国农业科学，54（3）：483-492.
王泳超，张颖蕾，闫东良，等，2020. 干旱胁迫下 γ- 氨基丁酸保护玉米幼苗光合系统的生理响应[J]. 草业学报，29（6）：191-203.
吴甘霖，段仁燕，王志高，等，2010. 干旱和复水对草莓叶片叶绿素荧光特性的影响[J]. 生态学报，30（14）：3941-3946.
吴银亮，王红霞，杨俊，等，2017. 甘薯储藏根形成及其调控机制研究进展[J]. 植物生理学报，53（5）：749-757.
解备涛，王庆美，张海燕，等，2016. 植物生长调节剂对甘薯产量和激素含量的影响[J]. 华北农学报，31（1）：155-161.
解卫海，刘丹，孙金利，等，2015. 脱水和高氧压过程中单叶蔓荆叶片细胞膜透性分析[J]. 林业科学，51（6）：44-49.
肖凯，张荣铣，钱维朴，1998. 氮素营养调控小麦旗叶衰老和光合功能衰退的生理机制[J]. 植物营养与肥料学报，4（4）：371-378.
邢兴华，2014. α－萘乙酸缓解大豆花期逐渐干旱胁迫的生理机制[D]. 南京：南京农业大学.
许育彬，2004. 不同施肥条件下干旱对甘薯生长发育及生理的影响[D]. 杨凌：西北农林科技大学.
许育彬，陈越，齐向英，等，2009. 不同土壤水分条件下施肥方式对甘薯叶片气体交换的调节作用[J]. 干旱地区农业研究，27（4）：105-110.
许育彬，程雯蔚，陈越，等，2007. 不同施肥条件下干旱对甘薯生长发育和光合作用的影响[J]. 西北农学报，16（2）：59-64.
杨碧云，钟凤林，林义章，2018. 干旱对紫色小白菜光合特性及营养品质的影响[J]. 西北植物学报，38（5）：912-921.
杨德翠，刘超，盖树鹏，等，2013. 牡丹柱枝孢叶斑病（*Cylindrocladium canadense*）对叶片光合系统功能的影响[J]. 园艺学报，40（3）：515-522.
闫志利，2009. 干旱胁迫及复水对豌豆根系内源激素含量的影响[J]. 中国生态农业学报，17（2）：297-301.
杨荣，苏永中，2011. 水氮供应对棉花花铃期净光合速率及产量的调控效应[J]. 植物营养与肥料学报，17（2）：404-410.
于立尧，2018. 外源 γ- 氨基丁酸对甜瓜幼苗生长、抗干旱胁迫的影响[D]. 上海：上海交通大学.
袁琳，克热木·伊力，张利权，2005. NaCl 胁迫对阿月浑子实生苗活性氧代谢与细胞膜稳定性的影响[J]. 植物生态学报，29（6）：985-991.
袁振，汪宝卿，解备涛，等，2014. 甘薯根系发育对干旱胁迫的响应及化控对其缓解作用研究综述[J]. 山东农业科学，46（9）：138-141.
张海燕，段文学，解备涛，等，2018. 不同时期干旱胁迫对甘薯内源激素的影响及其与块根产量的关系[J]. 作物学报，44（1）：126-136.
张海燕，解备涛，段文学，等，2018. 不同时期干旱胁迫对甘薯光合效率和耗水特性的影响[J]. 应用生态学报，29（6）：1943-1950.
张明生，谈锋，2001. 水分胁迫下甘薯叶绿素 a/b 比值的变化及其与抗旱性的关系[J]. 种子，52（4）：23-25.
张明生，谈锋，张启堂，1999. 水分胁迫下甘薯的生理变化与抗旱性的关系[J]. 园艺与种苗，19（2）：35-39.
张明生，谢波，戚金亮，等，2006. 甘薯植株形态、生长势和产量与品种抗旱性的关系[J]. 热带作物学报，27（1）：39-43.
张瑞栋，高铭悦，岳忠孝，等，2021. 灌浆期不同阶段干旱对高粱籽粒淀粉积累的影响[J]. 作物杂志，203（4）：172-177.
张善平，冯海娟，马存金，等，2014. 光质对玉米叶片光合及光系统性能的影响[J]. 中国农业科学，47（20）：3973-3981.
张守仁，1999. 叶绿素荧光动力学参数的意义及讨论[J]. 植物学通报，16（4）：444-448.
张岁岐，李秧秧，1996. 施肥促进作物水分利用机理及对产量影响的研究[J]. 水土保持研究，3（1）：185-191.
张宪初，王胜亮，吕军杰，等，1999. 旱地甘薯田水分供需状况及增产措施研究[J]. 干旱地区农业研究，17（4）：93-97.
张悦，2016. 植物生长调节剂对作物调控效应的研究现状[J]. 现代化农业，24（5）：31-34.
赵永长，宋文静，邱春丽，等，2016. 黄腐酸钾对干旱胁迫下烤烟幼苗生长和光合荧光特性的影响[J]. 中国烟草学报，22（4）：98-106.
郑爱泉，侯煜，李琪，等，2008. 水分胁迫下氮素对作物生长及代谢的影响[J]. 陕西农业科学，54（1）：75-77.
周严虹，黄黎锋，喻景权，2004. 持续低温弱光对黄瓜叶片气体交换、叶绿素荧光猝灭和吸收光能分配的影响[J]. 植物生理与分子生物学学报，30（2）：153-160.
周宇飞，王德权，陆樟镳，等，2014. 干旱胁迫对持绿性高粱光合特性和内源激素 ABA、CTK 含量的影响[J]. 中国农业科学，47（4）：655-663.
ANUPAMA A，BHUGRA S，LALL B，et al.，2018. Assessing the correlation of genotypic and phenotypic responses of indica rice varieties under drought stress

[J]. Plant Physiology and Biochemistry, 127: 343–354.

BADER M R, RUUSKA S, NAKANO H, 2000. Electron flow to oxygen in higher plants and algae: rates and control of direct photoreduction (Mehler reaction) and rubisco oxygenase [J]. Biological Sciences, 1402: 1433–1445.

BASHIR R, RIAZ H N, ANWAR S, et al., 2021. Morpho–physiological changes in carrots by foliar γ–aminobutyric acid under drought stress [J]. Brazilian Journal of Botany, 44: 57–68.

CHEN H, LIU T, XIANG L, et al., 2018. GABA enhances muskmelon chloroplast antioxidants to defense salinity–alkalinity stress [J]. Russian Journal of Plant Physiology, 65: 674–679.

CHO K S, HAN E H, KWAK S S, et al., 2016. Expressing the sweet potato orange gene in transgenic potato improves drought tolerance and marketable tuber production [J]. Comptes Rendus Biologies, 339 (5–6): 207–213.

CHOWDHORY S R, SINGH R, KUNDU D K, et al., 2000. Growth, dry matter and yield of sweetpotato (*Ipomoea batatas* L.) as influence by soil mechanical impedance and mineral nutrition under different irrigation regimes [J]. Advances in Horticultural Science, 16 (1): 25–29.

DEMIDCHIK V, STRALTSOVA D, MEDVEDEV S S, et al., 2014. Stress–induced electrolyte leakage: the role of K^+–permeable channels and involvement in programmed cell death and metabolic adjustment [J]. Journal of Experimental Botany, 65 (5): 1259–1270.

DEMMIG B, WINTER K, ALMUTH K, et al., 1987. Photoinhibition and zeaxanthin formation in intact leaves: A possible role of the xanthophyll cycle in the dissipation of excess light energy [J]. Plant Physiology, 84 (2): 218–224.

DU N, GUO W, ZHANG X, et al., 2010. Morphological and physiological responses of *Vitex negundo* L. var. *heterophylla* (Franch.) Rehd. to drought stress [J]. Acta Physiologiae Plantarum, 32 (5): 839–848.

FERERES E, SORIANO M A, 2007. Deficit irrigation for reducing agricultural water use [J]. Journal of Experimental Botany, 58 (2): 147–151.

GILL S S, TUTEJA N, 2010. Reactive oxygen species and antioxidant machinery in abiotic stress tolerance in crop plants [J]. Plant Physiology and Biochemistry, 48 (12): 909–930.

GOODGER J Q, SHARP R E, MARSH E L, et al., 2005. Relationships between xylem sap constituents and leaf conductance of well–watered and water–stressed maize across three xylem sap sampling techniques [J]. Journal of Experimental Botany, 56 (419): 2389–2400.

HARE P, CRESS W, VAN STADEN J, 1998. Dissecting the roles of osmolyte accumulation during stress [J]. Plant Cell & Environment, 21(6): 535-553.

HARTEMINK A E, JOHNSTON M, O'SULLIVAN J N, et al., 2000. Nitrogen use efficiency of taro and sweet potato in the humid lowlands of Papua New Guinea [J]. Agriculture, Ecosystems & Environment, 79(2): 271-280.

HIMANEN K, BOUCHERON E, VANNESTE S, et al., 2002. Auxin-mediated cell cycle activation during early lateral root initiation [J]. Plant Cell, 14(10): 2339-2351.

JIA W S, ZHANG J H, 2008. Stomatal movements and long-distance signaling in plants [J]. Plant Signaling and Behavior, 3(10): 772-777.

KATO Y, OKAMI M, 2010. Root growth dynamics and stomatal behaviour of rice (*Oryza sativa* L.) grown under aerobic and flooded conditions [J]. Field Crops Research, 117(1): 9-17.

KIM S H, MIZUNO K, FUJIMURAL T, 2002. Regulated expression of ADP glucose pyrophosphorylase and chalcone synthase during root development in sweetpotato [J]. Plant Growth Regulation, 38: 173-179.

KUMAR R R, KARJOL K, NAIK G R, 2011. Variation of sensitivity to drought stress in pigeon pea [*Cajanus cajan* (L.) Millsp] cultivars during seed germination and early seedling growth [J]. World Journal of Science and Technology, 1(1): 11-18.

LADJAL M, EPRON D, DUCREY M, 2000. Effects of drought preconditioning on thermotolerance of photosystem Ⅱ and susceptibility of photosynthesis to heat stress in cedar seedlings [J]. Tree Physiology, 20(18): 1235-1241.

LI P M, CAI R G, GAO H, et al., 2007. Partitioning of excitation energy in two wheat cultivars with different grain protein contents grown under three nitrogen applications in the field [J]. Physiologia Plantarum, 129(4): 822-829.

LI Y, FAN Y, MA Y, et al., 2017. Effects of exogenous γ-aminobutyric acid (GABA) on photosynthesis and antioxidant system in pepper (*Capsicum annuum* L.) seedlings under low light stress [J]. Journal of Plant Growth Regulation, 36(2): 436-449.

MCDAVID C R , ALAMU S, 1980. The effect of growth regulators on tuber initiation and growth in rooted leaves of two sweet potato cultivars [J]. Annals of Botany, 45(3): 363-364.

MITSURU O, HIROYUKI U, TAKURO S, et al., 1995. Accumulation of carbon and nitrogen compounds in sweet potato plants grown under deficiency of N, P, or K nutrients [J]. Soil Science & Plant Nutrition, 41(3): 557-566.

NEVES L H, SANTOS R I N, DOS SANTOS TEIXEIRA G I, et al., 2019. Leaf gas exchange, photochemical responses and oxidative damages in assai (*Euterpe oleracea* Mart.) seedlings subjected to high temperature stress [J]. Scientia Horticulturae, 257: 108733.

PARDALES J R, YAMAUCHI A, 2003. Regulation of root development in sweetpotato and cassava by soil moisture during their establishment period [J]. Plant and Soil, 255(1): 201–208.

PIRASTEH-ANOSHEH H, SAED-MOUCHESHI A, PAKNIYAT H, et al., 2016. Stomatal responses to drought stress [J]. Water Stress and Crop Plants: A Sustainable Approach, 1: 24–40.

RAMAMOORTHY P, BHEEMANAHALLI R, MEYERS S L, et al., 2022. Drought, low nitrogen stress, and ultraviolet-B radiation effects on growth, development, and physiology of sweetpotato cultivars during early season [J]. Genes, 13(1): 156.

SCHUSSLER J R, BRENNER M L, BRUN W A, 1991. Relationship of endogenous abscisic acid to sucrose level and seed growth rate of soybeans [J]. Plant Physiology, 96(15): 1308–1313.

TANG L S, LI Y, ZHANG J, 2005. Physiological and yield responses of cotton under partial rootzone irrigation [J]. Field Crops Research, 94(2): 214–223.

VIJAYAKUMARI K, PUTHUR J T, 2016. γ-Aminobutyric acid (GABA) priming enhances the osmotic stress tolerance in Piper nigrum Linn. plants subjected to PEG-induced stress [J]. Plant Growth Regulation, 78: 57–67.

VILLAGARCIA M R, COLLINS W W, RAPER C D, 1998. Nitrate uptake and nitrogen use Efficiency of two sweetpotato genotypes during early stages of storage root formation [J]. Journal of the American Society for Horticultural Science, 123(5): 814–820.

WANG H, LI H, XU L, 2015. A new indicator in early drought diagnosis of cucumber with chlorophyll fluorescence imaging [J]. Proceedings of SPIE: the International Society for Optical Engineering, 9530: 08.

XU X, LAMMEREN A M V, VERMEER E, 1998. The role of gibberellin abscisic acid, and sucrose in the regulation of potato tuber formation *in vitro* [J]. Plant Physiology, 117(54): 575–584.

YANG S L, CHEN K, WANG S S, et al., 2015. Osmoregulation as a key factor in drought hardening-induced drought tolerance in *Jatropha curcas* [J]. Biologia Plantarum, 59(3): 529–536.

ZAHRA G，MARJAN M，TAHER B，et al.，2021. Foliar application of ascorbic acid and gamma aminobutyric acid can improve important properties of deficit irrigated cucumber plants（*Cucumis sativus* cv. Us）[J]. Gesunde Pflanzen，73（1）：77-84.

ZHANG S，XU X，SUN Y，et al.，2018. Influence of drought hardening on the resistance physiology of potato seedlings under drought stress [J]. Journal of Integrative Agriculture，17（2）：336-347.

ŽIVČÁK M，BRESTIČ M，OLŠOVSKÁ K，et al.，2008. Performance index as a sensitive indicator of water stress in *Triticum aestivum* L [J]. Plant Soil and Environment，54（4）：133-139.